エムシャー沿川の探訪

■エムシャー・ランドスケープパークという緑地を散策する

エムシャー・ランドスケープパークは広さ300km²、延長70kmの広域緑地で、多様な公園、緑地の整備が行われています。

1	5
2	
3	6
4	

図1 エムシャー・ランドスケープパークの東西軸となっているライン・ヘルネ運河、エムシャー川、エムシャーハイウェイ

図2 戦前から計画されていたエムシャーハイウェイの環境緑地（出典：Projekt Ruhr 文献28）

図3 産業遊休地化したコンソルダシオン炭鉱の櫓と炭鉱内緑地

図4 エムシャー・ランドスケープパーク2010と呼ばれる関連20自治体が共同で作成した広域緑地計画
（出典：Projekt Ruhr 文献28）

図5 ランドスケープパークの中の自然保護区

図6 植林されたボタ山と新設された展望台

図7 ダッテルン・ハム運河に面した炭鉱跡地の陥没地を人造湖に整備した公園

図8 ランドスケープパークに張りめぐらされたサイクリングルート（出典：Projekt Ruhr 文献28）

図9 ランドスケープパークの中のクラインガルテンと呼ばれる市民農園

図10 連邦庭園博の中で花畑にしたボタ山

7	
8	
9	
10	

■ワルトロップ閘門パークを訪ねる

ワルトロップ閘門パークでは、第1次大戦前に建造された運河の落差解消施設が保存されています。この一帯は公園として整備されていて、現在稼動中の施設をあわせて見学できます。

図11,12 1899年建造の揚重式の施設

図13,14 稼動中の2つの施設

図15 1914年建造のロック式の施設

11	13
	14
	15
12	

■ランドスケープパーク・デュイスブルク・ノルトを訪ねる

デュイスブルク・ノルト・パークは、200haの産業遊休地を緑地と産業構造物からなる大規模公園として整備されています。

図16 マイデリッヒ製鉄所の精錬施設
図17 公園に自転車に乗ってやってくる子供達
図18 コークス貯蔵場の壁を利用したロッククライミング練習場
図19 小さな機械ホールを活用したパーティー会場
図20,21 トリエンナーレと呼ばれる総合舞台芸術イベントに、大きな機械ホールが使われている

■公園の中の職場を訪ねる

ランドスケープパークの中には「公園の中で働く」をテーマにした技術センターや業務パークが整備されています。これらは、産業遊休地を再開発したもので、既存の農林業用地を転換させたものではありません。

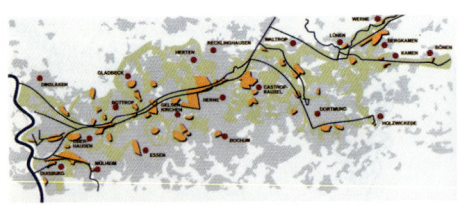

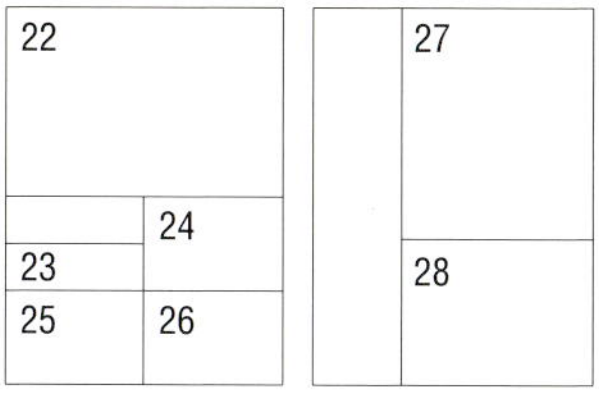

図22 ホランド炭鉱跡地の環境関係の産業パークと住宅地

図23 エムシャー・ランドスケープパーク2010に記された主な「公園の中の職場」（出典：Projekt Ruhr 文献28）

図24 オーバーハウゼンの環境保護技術センター

図25 アレンベルク・フォルトゼッツンク炭鉱跡地の起業センター（出典：IBA Emscher Park 文献11）

図26 エリン炭鉱跡地の産業パーク

■デュイスブルク内陸港を訪ねる

内陸港としての役割を終えた港湾地区を再開発して、国際的な業務センターを形成しようとしています。

図27 製粉工場と倉庫を現代美術館にコンバージョン（転換利用）している

図28 倉庫を業務ビルにコンバージョンしている街区

29	
30	
31	
32	

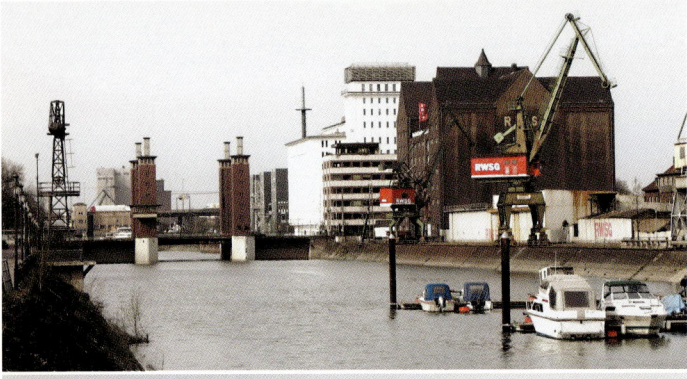

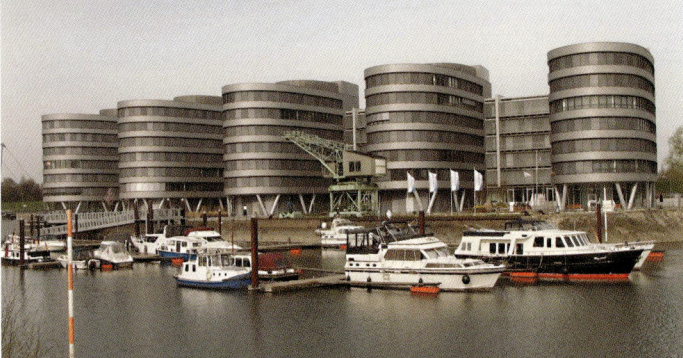

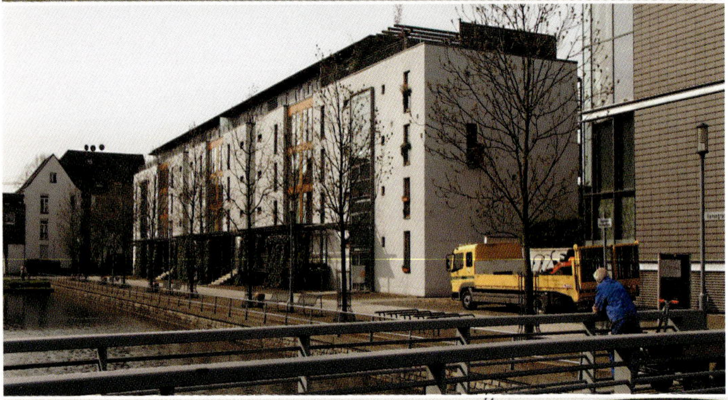

図29 内陸港の水景

図30 133バースのレジャーボート用マリーナと新築された業務街区

図31 民間投資による81戸の新築住宅

図32 内陸港デュイスブルクの配置図
(出典：Innenhafen Duisburg Entwicklungs-gesellschaft 文献16)

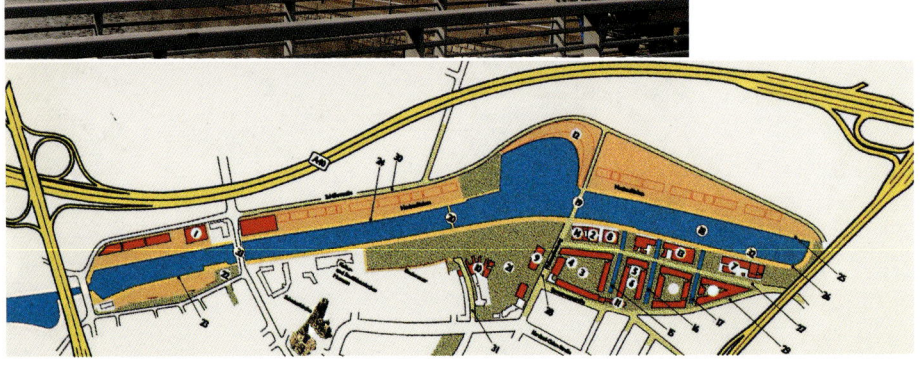

■エムシャー水系を観察する

エムシャー川はエムシャー沿川の石炭・鉄鋼産業の排水路として改造され、自然は破壊しつくされています。1980年代の終わり頃から1990年代にかけて、支流などにおいて先行的に自然再生が試みられました。そして2007年から本流の改造と自然再生に取り掛かることになっています。

図33 自然が再生されたデルビッヒ川

図34 自然が再生されたレップケス・ミューレン川

図35 自然が再生された古エムシャー川
(出典：Emscher-genossenschaft 文献4)

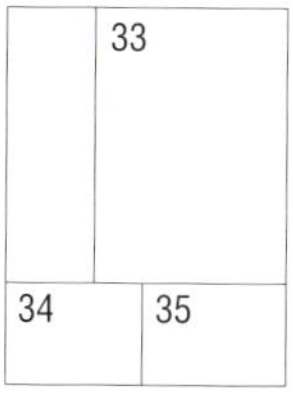

図36 流末処理水の水質を向上させるために1990年代に建設されたボットロップ浄水場

図37 エムシャー川に沿って敷設される排水管工事のための竪坑

図38 排水管の状態をモニターする自走船

図39 自然再生のために700地点で実施される地下水位観測

図40 エムシャー川の自然再生の質向上を目指すために整備された住宅地における雨水地下浸透溝

図41 現在のエムシャー川の排水の毒性を緩和するための中和剤が入ったタンク

図42 エムシャー川改造の計画図
(図36,37,38,39,42の出典：Emscher-genossenschaft 文献4)

36	39
37	40
38	41
42	

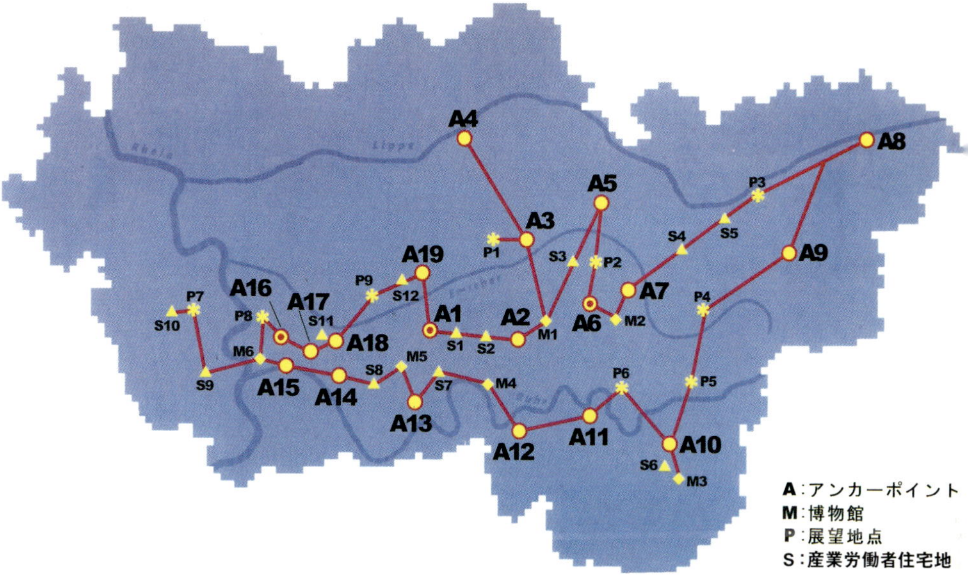

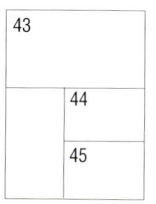

■「産業文化の道」を行く

1997年に「産業文化の道」という観光ルートが設定され、案内サインと案内マップ類が整備されました。
産業文化を体験できるアンカーポイント19カ所、産業文化に関する博物館6カ所、産業文化のランドスケープを展望できるところ9カ所、産業労働者住宅地12カ所がルート化されています。

図43「産業文化の道」ルート図
図44 A1 関税同盟第12立坑 (エッセン)
図45 A2 20世紀ホール (ボッフム)

図46 A3 変電所（レックリンクハウゼン）
図47 A4 ケミカルパーク（マール）
図48 A5 運河の閘門（ワルトロップ）
図49 A6 ツォレルン第2、第4炭坑（ドルトムント）
図50 A7 ハンザ・コークス工場　（ドルトムント）
図51 A8 マキシミリアンパーク（ハム）
図52 A9 リンデン・ビール工場（ウンナ）
図53 A10 ホーエンホッフ住宅（ハーゲン）
図54 A11 ナハティガル炭坑（ヴィッテン）

46	47	48
49	50	51
52	53	54

図55 A12 ヘンリッヒスヒュッテ精練所（ハティンゲン）
図56 A13 ヴィラ・ヒューゲル（エッセン）
図57 A14 アクエリアス水博物館（ミュルハイム）
図58 A15 内陸港（デュイスブルク）
図59 A16 ランドスケープパーク（デュイスブルク・ノルト）
図60 A17 ライン産業博物館（オーバーハウゼン）
図61 A18 ガスタンク（オーバーハウゼン）
図62 A19 ノルトシュテルンパーク（ゲルゼンキルヒェン）
図63 P9 三角錐展望台（ボットロップ）
（図43〜63の出典：KVR 文献21）

55	56	57
58	59	60
61	62	63

■古い労働者住宅地を訪ねる

この地域には、19世紀末から第2次大戦までの間に田園都市の考え方の影響を受けた質の高い労働者住宅地が数多く建設されました。
1980年代には、老朽化した住宅地の取り壊しが議論されましたが、住民などの反対から、改修して使い続ける方向に転換しています。

図64 S3 労働者住宅団地トイトブルギア（ヘルネ）

図65 S8 田園郊外マルガリッテンヒューエ（エッセン）

図66 S11 労働者住宅団地アイゼンハイム（オーバーハウゼン）

図67 S12 田園都市ウェルハイム（ボットロップ）

64	
65	
66	
67	

■関税同盟炭鉱パークを訪ねる

2002年に関税同盟炭鉱と同コークス工場はユネスコ世界遺産に登録されました。
ここは単なる観光施設、文化遺産に止まらず、「公園の中で働く」場所の役割も果たしています。

図68 関税同盟スクールが置かれる第1第2第8立坑地区
図69 太陽光発電パネルファームとなっているコークス工場地区
図70 関税同盟炭坑パークの配置図（出典：AGZ 文献1）
図71,72 オフィスやアトリエに使われる一帯

	68
	69
70	
71	72

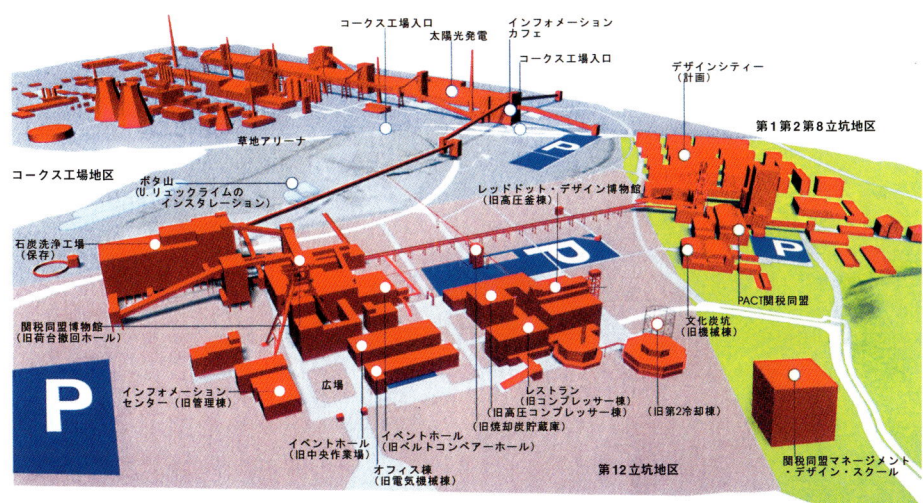

図73 第12立坑の巻上げ櫓

図74 レストランにコンバージョンされたボイラー室

図75 正面奥は、N・フォスターの設計でデザイン博物館にコンバージョンされた高圧釜棟、左右はイベントホール

文化と
まちづくり
叢書

IBAエムシャーパークの地域再生

「成長しない時代」のサスティナブルなデザイン

永松 栄 編著　澤田誠二 監修

水曜社

IBAエムシャーパークの地域再生　「成長しない時代」のサスティナブルなデザイン

口絵 ………………………………………………………………………………… 1
ドイツの住環境づくりを読み解く　澤田誠二 ……………………………… 20

第1章　IBAエムシャーパークで交わる2つの流れ

1. IBA（国際建築展）の伝統 ……………………………………………… 26
2. ルール地域における工業開発の歴史と痕跡 …………………………… 32

第2章　IBAエムシャーパークという地域ワークショップ

1. 地域ワークショップの必要性と進行方法 ……………………………… 40
2. IBAエムシャーパーク開発の目的とテーマ …………………………… 48

第3章　IBAプロジェクトの狙いと成果

1. エムシャー・ランドスケープパーク …………………………………… 60
2. エムシャー水系の自然再生 ……………………………………………… 66
3. 産業建造物の保存利用 …………………………………………………… 72
4. 公園の中で働く …………………………………………………………… 78
5. 住まいとまちづくり ……………………………………………………… 84

第4章　サスティナブルな地域のビジョン、計画、スタンダード

1. サスティナブルな地域開発とは ……………………………………………………………… 90
2. 産業遊休地利用によるランドスケープパークの実現 …………………………………… 98
3. 成長なき時代のドイツのIBA ……………………………………………………………… 108

第5章　現在も進む、ルール地域の構造転換

1. IBAエムシャーパークで生み出されたプロジェクトの進展 …………………………… 122
2. IBAエムシャーパークの終幕と後継体制 ………………………………………………… 128
3. IBAエムシャーパークの評価と位置付け ………………………………………………… 133

IBAプロジェクトデータ ………………………………………………………………………… 138
参考文献リスト …………………………………………………………………………………… 143
エムシャーパークから、何が学べるか　永松 栄 ………………………………………… 144
あとがき　謝辞にかえて ………………………………………………………………………… 148

ドイツの住環境づくりを読み解く

明治大学理工学部教授　澤田誠二

　はじめてドイツの住環境づくりに関心を持ったのは70年代の半ばのことだ。日独両国は戦後ほぼ同様な住宅困窮状況にあった。しかし30年余り経った70年当時、それぞれ豊かな社会になったとはいえ住環境クオリティに大きな隔たりがあった。

　そうした差はどこから出たのか？　それを建築生産論の側から調べるため、2年にわたりルール地域の中心地ドルトムントの大学で、さまざまな観点からの比較を試みた。これに先立つ60年代末にミュンヘンとシュツットガルトに住んだが、あの南ドイツとルールとでは雰囲気が違う。ドイツでは各州に特有の性格があった。

　ドイツでも戦後は住宅の多量供給が行われたが、その形態は日本と幾分違う。住宅団地が画一的でなくずっと多様に見える。そうならば建築生産－特に生産コストーの面では負担が大きいはずだが70年代半ばにはそれほど問題視されていなかった。ではそうした「多様な住環境の経済的な実現」を達成したシステムとは一体どのようなものなのか？

　2年余りの作業の末に得た結論は3点だ。1点目は、住民すなわちユーザーが明確に住要求を出す風土があり、この背景には地域の建築文化への愛着が色濃くある。2点目は、連邦と州と自治体の巧みな連携が規格品の量産によらなくても一定の経済性を実現していること。このレベル毎の分担体制によって、広がりのある住環境のプランニングとデザインと建設行為が進められている。そして3点目は、個別のプロジェクトを無駄なく、設定目標を達成するプロジェクト・マネージメントだ。これらが一体となって「多様な住環境づくり」を実現している。

中央の連邦建設省は、資金や建設量そしてデザインと建設は全面的に自治体に任せ、各州での事業推進に必要な調整活動を行う。連邦は、住環境のクオリティ基準の作成、プランニングから実施、そして住環境管理までのプロセスのマネージメント・ノウハウなどの開発を進めている。この役割はわが国のそれとかなり違う。
　さらに重要と思われたのは建築家（設計者）の社会的認知の違いだった。そもそも、建築家とは「空間でものを考える」訓練を受け、住宅や都市の「モノのカタチ」を決める職能なのだ。住宅や都市デザインを各種の住環境の形成に関わる諸法制に基づいて検討し、当該の住環境を決定する自治体での意思決定をサポートするという立場にある。
　我々の調査では、日本とドイツ（西独）が近代社会をどのように形成してきたのか、その類似点と相違点は何なのかをつぶさに学習する必要があった。20世紀における近代化過程でのそれぞれの社会の遷移である。その中に「住環境づくり」を位置付けて初めて相対化できる。この調査では特に「生活者の視点」から見ることを心がけた。これは、この観点に立てば同じ立場で議論もできるし、こうした調査の際に陥りがちな「思考の抽象化」を避けるには有効だからだ。2年余りのドイツ生活ではさまざまな人々に会い、多様な日常生活に参加した。その中で歴史的建造物を楽しむことにも参加し、それの評価をどのように住環境づくりにつなげているかを体験した。

　70年代から80年代にかけては国際化の時代であり、アジア、アメリカ、ヨーロッパ経済圏の形成が進み、その競争が始まった時だ。73年のオイルショックに起因する世界像の中では、社会発展の基本要素に「高齢化」が取り上げられるようになり、オイル問題はマネー問題を超えて、地球環境のあり方を再考させることにもなった。新しい時代の胎動期だった。

こうした状況は「住環境づくり」にも影響する。それまでに無かったほど多様な課題への対応が必要になり、急速に進化したコンピュータやエンジニアリングがそれを支えるようになった。また一方では、大資本による住環境のプランニング・デザイン・建設の集約化が進んだ。
　ＩＢＡエムシャーパークという壮大な地域再生事業が始まったのは1988年である。わが国はまだ「バブル」の真っ只中であり、92年夏の株価暴落まで、このような一大社会変革が到来するという実感はなかったのではないか。ＩＢＡエムシャーパーク事業では当初次の問題認識があった。

1：わが国より一足先に来た「土地あまり時代」の土地利用計画が必要になった。ドイツ都市計画の根幹の空間計画についてこの状況への対処には再検討が必要である。
2：ルール地域の基幹産業（石炭・鉄鋼）が衰退期に入り、南部諸州などへの人口流出も呼びかねない状況だった。産業構造の転換が必要である。
3：ドイツ、ことにノルトライン・ヴェストファーレン州はリオ環境会議における主役の1人だった。したがって、この地で環境の再生と地域運営の実績を示す必要がある。
4：「ゼロ成長時代」に転換した社会における新たな「豊かさ」のイメージを求められる。それを具体的なライフスタイルで提示する必要がある。

　つまりドイツは世紀末の社会変動の面で先端を行く国となった。中でもルール地域を抱えるノルトライン・ヴェストファーレン州では住環境づくりの面で大規模かつ急激な変革を必要としたのである。これはサスティナブル社会づくりにほかならない。
　それでは先に述べたドイツ流「住環境づくり」の仕組みはこの

「社会変革」の中でも十分に機能したのか？ 社会が大きく変わる時に対応する特別なシステムがあるのではないか？

住要求を汲み取り環境づくりを進めるプロジェクト組織に何か変更が必要になったのか？ さらに、プロジェクト・マネージメントでは、その間に急速に進化したマネージメント・ツールが十分な効用を発揮したのか？

調査が進むとドイツにはＩＢＡ（国際建築展）という住環境づくり手法のイノベーション方式があることがわかった。1920年代のモダン建築の開発や、戦後の住宅復興のような社会変革時に採用されてきたもので、そうした新しい課題に「参加と公開」の方策で取り組む。コンペ方式により新デザインを取得し、研究集会で新技術を発掘する。対象とする住環境も「建築から都市へ」「都市から地域へ」と広がってきている伝統的な方式だ。

我々はエムシャー地域の産業、社会、自然、都市環境を含む総合再生を理解するために「交流型」と呼ぶべき調査研究の活動を進めてきた。これは日独に各種専門家のチームを設定し、双方の旧工業地帯の事例を訪ね、両国で研究集会を催し成果を公表、そこから実務につながる知見を得ようとする試みである。

本書はエムシャー流域800km²地域で、120余りのプロジェクトをどのようにして進めたかの報告である（第2章、第3章）。この正確な解釈には、ＩＢＡ方式の発展に代表されるドイツ近代化の過程と、ルール地域の発展と衰退についての理解が必要と考え第1章を加えた。第4章は、実際にこのサスティナブルな地域を実現した方々からの「実施戦略」の報告と成果への評価である。こうすることによって、日本の状況に対応させやすくしている。第5章は、エムシャーパーク事業終了後の現状をまとめて、今後の交流活動に役立てることを意図している。

第1章 IBAエムシャーパークで交わる2つの流れ

　IBAエムシャーパークという名称はIBA（国際建築展）とエムシャー沿川とランドスケープパークからなる造語である。ランドスケープパークは2章以降で説明することにし、1章では、ヨーロッパで長い伝統を持つ国際建築展の歴史と、エムシャー沿川を含むルール地域の産業化の歴史をたどることにする。

　この2本の流れが交差する時と場所で、このプロジェクトが実施されたのである。

図76　20世紀ホール
1902年デュッセルドルフで開催された工業博覧会の会場として建設され、その後、エムシャー沿川のボッフム市の鉄工所に移設され機械ホールとして使われた。既に工場は閉鎖されたが、機械を取り外しイベントホールとして使えるようにしている。(出典：IBA Emscherpark文献12)

1. IBA(国際建築展)の伝統

　記念性の高い建設事業の計画に際して、複数の提案を集めて設計者を選考することがある。こうしたことを競技設計と呼んでいるが、これには長い伝統がある。ここでは、IBAの考え方の普遍性を理解するために、17世紀の競技設計から、20世紀末のIBAエムシャーパークまでの系譜を整理する。

(1) 競技設計の先例

　世界で最も美しく、顕著に記念性を備えた建造物の1つサン・ピエトロの基本計画も1505年、法王ユリウス2世の呼びかけによる非公式競技設計で選び出されている。ギリシャ十字形を平面モチーフとし、中央に半円球ドームを頂く明快なブラマンテの案が選ばれることになった。ブラマンテは工事着工後まもなく死亡してしまったため、実施設計はラファエロに引き継がれ、最終的にミケランジェロの実施設計で完成している。1603年に完成した伽藍は、コンペで選ばれたブラマンテのコンセプトに従ったものとなっている。

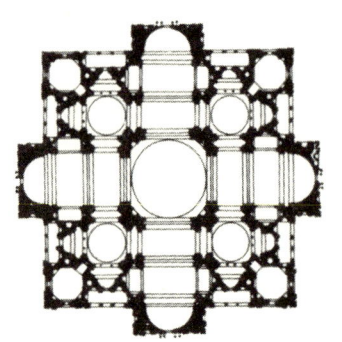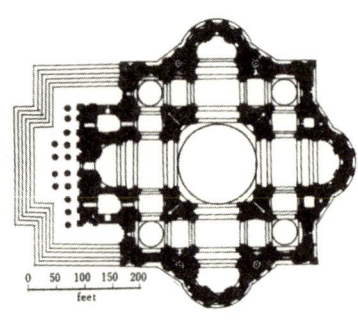

図77　サン・ピエトロの平面図
左が1506年のブラマンテ案。右が1546年のミケランジェロ案。(出典：建築学体系編集委員会監修、文献35)

(2) 19世紀の国際建築展

①ウィーン市街地拡張計画

　ヨーロッパの建築文化風土において、都市計画は立派な造形だと認識されている。このため、都市をより際立ったものにするために国際的な知見を募り、優れた案を選択してこれを国際的にアピールすることが行われる。この代表例としては、19世紀のウィ

ーン拡張計画が名高い。

19世紀後半のウィーンの発展に先立って、前近代的な都市防衛施設用地を市街地につくりかえる必要があった。オーストリア国王フランツ・ヨーゼフは、1858年にこのマスタープランを獲得するために国際公開競技設計を行った。審査会はF・シュタッヘとC・オーマイヤーの合作、L・フェルステルの作、E・ファン・デル・ニュルとA・ジッカルト・フォン・ジッカルズブルクの合作の3案を最優秀に選んだ。結局、最優秀案の作者を含む検討委員会が組織され、高幅員環状道路を軸にリング状に市街地を描いたマスタープランを取り決めた。

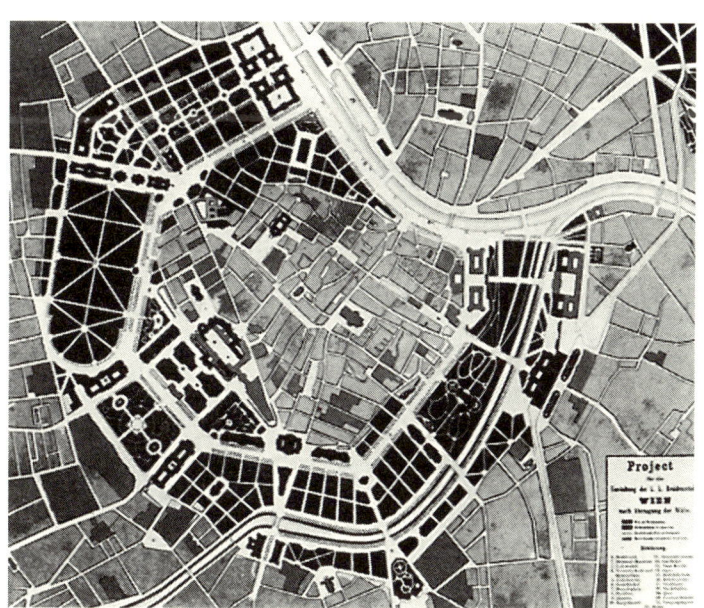

図78 ウィーン拡張計画国際競技設計案
1858年にニュルとジッカルズブルクが作成した計画案。(出典:Grote 文献7)

②ロンドン万博1851

1851年にロンドンのハイドパークで開催された第1回万博の展示場建設のためにも、競技設計が実施された。造園技術者から転身したJ・パクストンの案が選ばれた。ここでは、鉄とガラスの「クリスタルパレス」と称される斬新な建築スタイルとプレハブ技術の活用による工期短縮が高い評価を受けた。この万博に内外から600万人が訪れることになったが、展示品以上にこの実物の建築が大きな感銘を与えることになった。以後、万博には、「開催地

の威信をこめて万博展示場を建設して世界に対して見せる」とい
う性格が根付いた。

図79 クリスタルパレスの内観パース
1851年にロンドンで開催された第1回万博の展示場となったJ．パクストン設計のクリスタルパレス。(出典：二川、文献43)

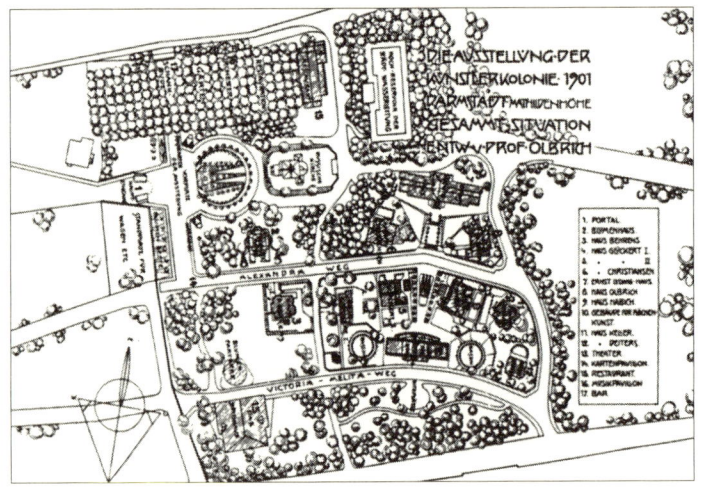

図80 ダルムシュタット国際建築展（1901）の配置図
(出典：春日井、文献34)

(3) ドイツのIBA

①ダルムシュタット国際建築展

　ドイツ・ダルムシュタット市の芸術家村は、「伝統からの解放・分離」を標榜するウィーン分離派（ゼツェッション）の代表的建築家J・M・オルブリッヒの作品として知られている。

　この芸術家村の構想自体が新しい建築村をつくって見せるという意図を持っていたが、合わせて1901年から1904年の間に、「ドイツ芸術のドキュメント」と題された4回の建築展覧会が開催された。これが、ドイツ独特のIBAの出発点となっている。

②大ベルリンIBA

1909年には「大ベルリン」と題された都市計画提案競技設計が募集され、翌年、国際建築展として展示公開された。これは急成長を遂げるベルリンの都市構造に関する提案を求めたもので、直接、具体化されるものではなかった。とはいえ、19世紀後半における不動産投機と石造兵舎都市と呼ばれる閉塞的な街区建設を反省する内容の提案が多くみられ、第1次大戦後1920年代のベルリン都市計画に向けての足掛りをつくったといわれている。

③ワイセンホーフ住宅団地のIBA

第1次世界大戦後、住宅問題の都市計画的解決と住宅生産における大量生産の可能性追求が求められたが、この時代にワイセンホーフ住宅団地はドイツ工作連盟によって建設、展示された。1927年にシュツットガルトで開催されたこの国際建築展は、M・ファン・デル・ローエ、P・ベーレンス、W・グロピウス、B・タウト、H・シャロウン、ル・コルビジェ、J・J・P・アウトなど著名建築家が参加し、「人間的な住まい」という課題に対して、建築と都市計画を総合的にとらえる解答を示した。

図81 ワイセンホーフ住宅団地の模型写真（出典：Joedicke 文献18）

④戦後復興期の建築展

1951年から、まず東ベルリンで全長1.7kmの被災街区スターリン・アレーの都市型住宅街区の復興事業がスタートした。西ベルリンにおいては1957年に被災街区のハンザ・フィアテルでスターリン・アレーとは対照的な近代主義的な配置パターンの復興事業がスタートした。これが、「明日の都市」をテーマとしたベルリ

ン・インターバウと呼ばれる国際建築展である。西ベルリン当局はW・グロピウス、A・アアルト、ル・コルビジェなどを招聘し設計を依頼し、また17階建ての住宅を建設するなどして、西側資本主義体制の生産組織の優位性を示そうとした。

図82　インターバウ集合住宅
1957年にW・グロピウスの設計で建設された集合住宅。

⑤1980年代のベルリンＩＢＡ

　1987年が最終展示年となったベルリンＩＢＡでは、これまでにない全く新しいテーマ、すなわち「既成市街地内の古い建物の改修と新しい建築」が取り上げられた。ここでは住宅建設の成果と共に、計画と実施プロセスを共有することが中心テーマとなっている。

　ベルリンＩＢＡでもまた都市住宅問題に重点が置かれたが、時代を反映して環境共生的な建設技術が多く取り上げられた。なおこのＩＢＡ会場には、全長7 kmの市街地が当てられている。

図83　ベルリン博物館前の住宅パーク
ベルリンＩＢＡ住宅として1984年から86年にかけて建設された住宅街区。F．デンブリン他のポストモダン様式の設計が特徴となっている。

⑥ＩＢＡの伝統とエムシャーパークの位置

　最低限、国際競技設計を行い、審査して結果を展示することが、ＩＢＡを名乗る条件となる。100年ほどのドイツのＩＢＡの歴史を踏まえると、必ず社会的、経済的テーマが存在している。また、戦後になるとこれに地域的テーマが加わり、展示対象が団地スケールから市街地スケールに拡大する傾向がある。

　このような流れの中で、1988年から1999年までルール地域のエムシャー沿川で実施されたＩＢＡは、広域都市圏をその対象とすることになった。

2. ルール地域における工業開発の歴史と痕跡

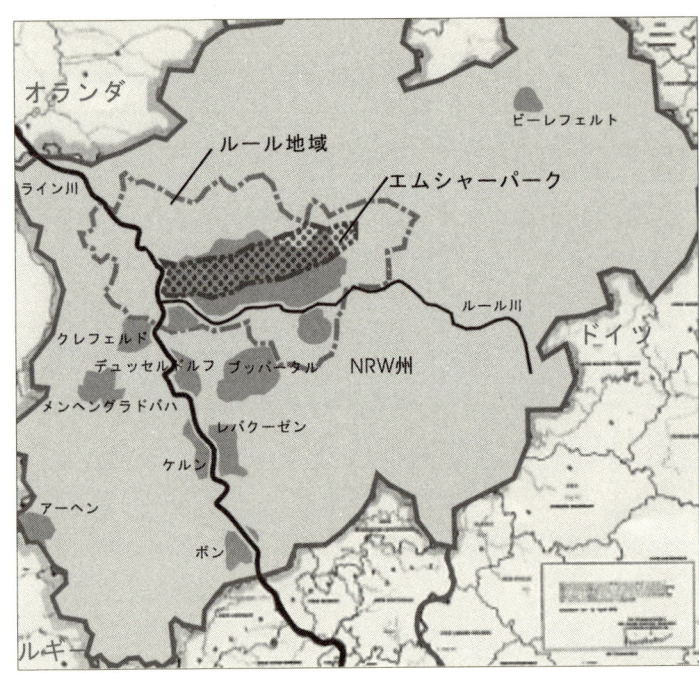

図84 ルール地域とエムシャーパークの位置
濃いグレーになっている部分が人口密集地域。ルール地域の中南部が人口密集地域となっており、その北半分がエムシャーパークである。

　ここでは、ルール地域とエムシャー沿川エリアの概要と産業化の歴史を述べる。このために、文献39（株）東京電力『イリューム14号』に初出したT・ジーバーツの原稿を編集使用する。

(1) ルール地域とエムシャー沿川の概要

　ルール地域は人口500万人で、世界でも最大規模の石炭・鉄鋼地域に属する。「地域開発ワークショップ」が対象としたのは、このルール地域の中でも、最も大きな問題を抱えているエムシャー沿川である。

　ルール地域の中央に位置し、デュイスブルク市からベルクカメン市までの17自治体で構成されるエムシャー沿川の人口はおよそ200万人、その面積はおよそ800km^{2}に及ぶ。工業化が推進される以前は、人口密度も非常に低く、洪水に見舞われることの多い低湿地であった。市街地の核となるような中心地区は形成されておらず、道路網も未発達な状態であった。

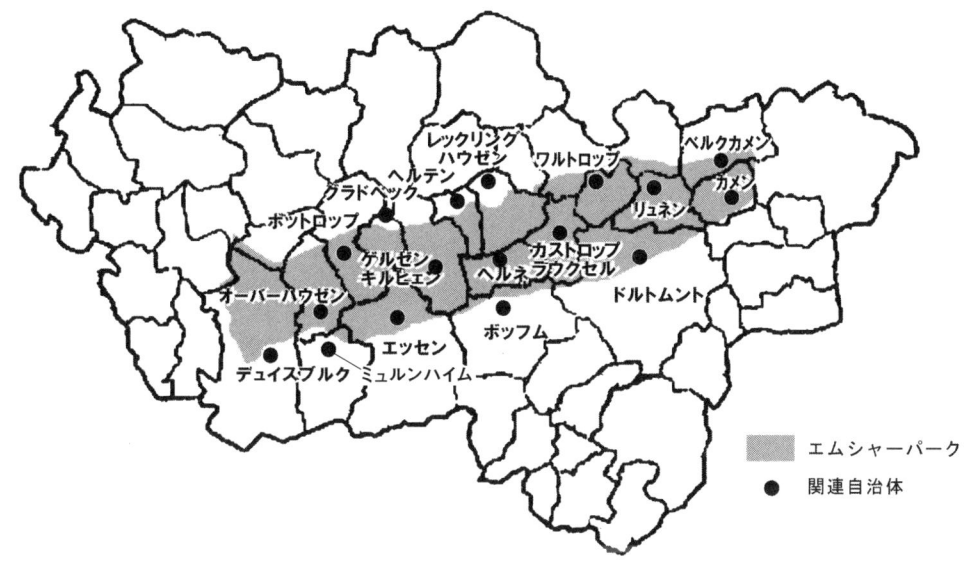

図85 ルール地域の中のエムシャーパークの位置
グレーになっている部分がエムシャーパークで、17自治体と関係を持っている。

(2) エムシャー川の疲弊

石炭の立坑採掘は1837年に、伝統的な都市の存在するルール地域南部において開始された。石炭採掘の波は、その後次第にルール地域北部へと進行し、それに引き続き、急激な工業化が推進されることになる。ルール南部には、歴史ある都市もいくつかあったが、未開発な北側のエムシャー沿川では、何らの抵抗もなく工業化のなすがままになった。その結果南部のルール川がきれいな状態に保たれたのに対し、小さなエムシャー川とその支流は世界最大の開渠の排水系統にその姿を変えた。

(3) 都市構造上の障害

このルール地域北部では中心地区から同心円状に広がるような伝統的な都市は発達せず、炭鉱や製鉄所を中心として住宅地が形成されたのみであった。今日この地域で典型となっている、一見無秩序に混在する「住宅地と産業拠点および社会資本の集積」はもともと、このような産業拠点と集落の集積から発達したものである。しかし、炭鉱や製鉄所が姿を消した今、本来の機能上の中心点までもが消滅してしまっている。また当時、交通インフラの整備にあたっては、住宅地よりも石炭・鉄鋼産業の要求が優先さ

図86　第2次大戦前のティッセン・マイダリッヒ製鉄所
1905年に稼動を始め、1985年に閉鎖された。20世紀初頭のルールの産業風景をよくあらわしている。
この敷地は現在、ランドスケープパーク・デュイスブルク・ノルトという産業建造物を保存した大規模緑地になっている。
(出典：Bieker 文献3)

れたが、これも現在、エムシャー流域で構造転換を図る上で大きな障害になっている。

(4) 植民地並みの政治的扱い、あるいは文明の強要

　エムシャー沿川が現在抱えている問題を理解するためには、統治の歴史を知る必要がある。19世紀においては、極端ないい方をすると、北ドイツ（プロシャ）の原料調達のための国内植民地だったといえる。

　この地域の人口密度はヨーロッパで最も高くなっていたが、20世紀に入ってからも地方に自治権は与えられず、高級な文化施設や大学の設置が意図的に行われなかった。地方自治が始まり、文化施設が整備され始めたのはようやく1920年代のことで、それもわずかな期間であった。また、大学が設置されたのは1960年代になってからのことで、しかもルール地方南部のみに限定されていた。また、この地方は伝統的に労働運動の砦であったため、非常に厳しい政治的コントロールを受けていた。

(5) 未発達な地方政治文化

　この地域では自治体レベルにおける市民の自意識の発達が、長い間妨げられていた。そして、産業革命以前の封建的な支配関係

はその後、炭鉱労働者と「石炭貴族」とも言うべき炭鉱経営者の関係にそのまま引き継がれた。その後、大きな石炭会社が炭鉱経営者に取って代わったが、強制と扶助が独特に入り交じったその関係には変化はなかった。

　大規模な環境汚染は「この地方においては標準的」だとして是認された。石炭・鉄鋼産業には不可避の一面であるとして、その代償に高い賃金を支払うことで容認されていたのである。特に深刻な環境破壊さえも「国家のための犠牲」として賛美される始末であった。

　石炭産業が拡大成長するコンツェルンによって掌握されると、産業の発達が何においても最優先された。地元の地方自治体は石炭・鉄鋼産業に大きく依存しており、独自の政治文化を発展させ、伝統として根付かせることなどできるはずもなかった。

(6) 石炭・鉄鋼コンツェルンの古い体質

　この地域において石炭・鉄鋼生産の時代は終わろうとしている。しかし、石炭・鉄鋼産業は現在でもその痕跡をはっきりと残している。いや、むしろ目に見えない痕跡の方が強いかもしれない。

　石炭・鉄鋼コンツェルン、あるいはそこから派生した各種企業や子会社は、さまざまな分野に経営多角化を図っているが、それは、いずれにしても典型的な官僚的機構ともいうべき大型組織である。腰が重く、新たな複雑な問題が発生した場合に柔軟な対応ができないという欠点を抱えている。

　自己中心的な見方しかできず、自らに与えられた狭い機能の中だけに依存し続ける大型組織。このような大型組織の中に残されたエムシャー沿川の「負の遺産」は、特有の現象であり、今後の地域発展にとって1つの問題となっていた。

(7) ランドスケープの破壊と近代化遺産の滅失

　100年足らずの期間に、石炭・鉄鋼産業はエムシャー沿川に文字通り「根底に至る」影響を及ぼし、そのランドスケープを大きく変えてしまった。これは、石炭・鉄鋼産業に手をつけられなかった土地のほうが少ないくらい深刻な影響を与えている。

産業建造物の保全がしっかり実施されなければ、石炭・鉄鋼産業の衰退とともに、その時代の証人である採炭施設や溶鉱炉などの素晴らしい建造物は、いずれもその姿を消してしまっただろう。そうなっていたら、エムシャー沿川開発の歴史も目の前から消えてしまい、この地域の未発達な歴史意識がますます弱化してしまったに違いない。

図87　エムシャー沿川の現在の風景
カルナップの石炭発電所一帯においても、石炭・鉄鉱産業地域らしい景観が見られる。

(8)　地域社会の衰退
　石炭・鉄鋼産業が姿を消してから、たしかに空気はきれいになった。しかし、土壌汚染、産業遊休地と市街地の構成上の問題、社会構造や政治的メンタリティに見られる問題など、石炭・鉄鋼業は多くの問題を「負の遺産」として残していた。
　実際にエムシャー沿川は、ドイツにおいてもっとも深刻な社会、経済問題を抱える地域だった。人口は過去20～30年間に15％減少し、失業率は平均12％で地区によってはそれをさらに上回るところもあった。そしてまた、長期失業者の割合も非常に高かったのである。

(9)　地域開発の課題
　エムシャー沿川には、その発達上の理由から、魅力的な中心地

区はほとんど存在しなかった。緑地などのオープンスペースはばらばらに分断され、その大部分の土壌が汚染されていた。そして、あまり魅力もなく、ほとんどの場合、人が立ち入れないスペースとなっていた。総じて都市生活の質、洗練された都市文化がエムシャー沿川には欠如していたのである。

　このような問題を「負の遺産」として抱えるエムシャー沿川で、地域開発を進める時に特別な方向性が与えられなかった場合、再び誤った方向に地域開発が進められてしまう危険があった。しかもその危険は、地域の経済的成長が確保された場合にも同様に存在する性格のものであった。

　エムシャー沿川の工業用地の立地条件は、他の地域と比べてまだ魅力に乏しかったため、先端産業部門の企業や優秀な人材を有する企業の誘致は難しかった。その一方、地価は比較的安く、また交通条件も良いことから、リサイクル会社、物流会社にとっては魅力的であった。

　高い失業率に悩む地元の地方自治体としては、雇用機会の創出促進に当たって選り好みをするわけにはいかない。とすると「エムシャー沿川は欧州市場のモダンなごみ捨て場、つまり廃棄物処分場になるように運命付けられている」ということになりはしないだろうか。いったん、このような方向に開発が進んでしまうと、これは悪循環となり、歯止めがきかなくなってしまうかもしれない。

　1980年代の終わり頃のＩＢＡエムシャーパークの開始の時点で、このような課題が認識されていたのである。

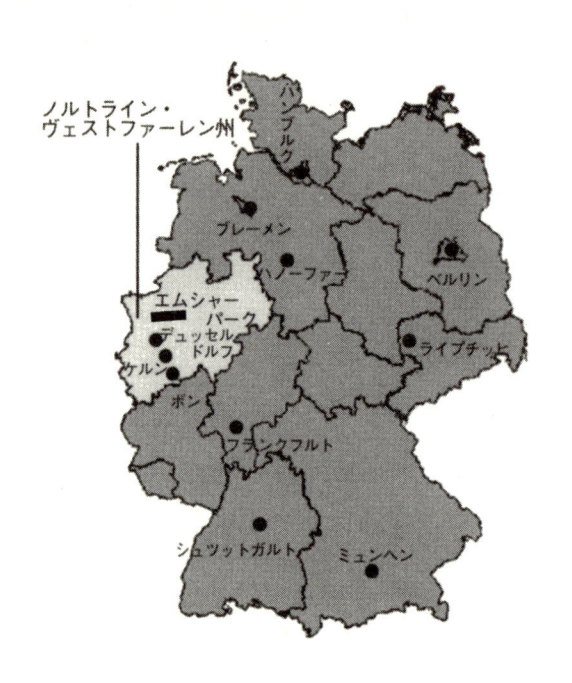

図88 ドイツの中のノルトライン・ヴェストファーレン州とエムシャーパークの位置

ノルトライン・ヴェストファーレン（NRW）州、ルール地域、エムシャー沿川エリアの概要

	NRW州	ルール地域	エムシャー沿川エリア
面　積	34,081 km²	4,434 km²	784 km²
宅地割合(産業用地含む)	13%	24%	不明
人　口	約1,800万	約500万	約200万
人口密度	500 (人/km²)	1,200 (人/km²)	2,500 (人/km²)
備　考	2000年現在	2000年現在	1990年代(詳細不明)

ルール地域構成自治体とエムシャー沿川自治体（　）は郡内自治体数

		ルール地域	エムシャー沿川自治体
独立自治体	ボッフム	●	●
	ボトロップ	●	●
	ドルトムント	●	●
	デュイスブルク	●	●
	エッセン	●	●
	ゲルゼンキルヒェン	●	●
	ハーゲン	●	
	ハム	●	
	ヘルネ	●	●
	ミュルハイム	●	●
	オーバーハウゼン	●	●
郡	エネッペ・ルール郡	● (8)	
	レックリンクハウゼン郡	● (9)	レックリンクハウゼン カストロプ・ラウクセル ワルトロップ　ヘルテン グラドベック
	ウンナ郡	● (10)	ベルクカメン カメン リュネン
	ヴェーゼル郡	● (12)	

第2章 IBAエムシャーパークという地域ワークショップ

　1988年にノルトライン・ヴェストファーレン州が公表した最初のエムシャーパークの広報レポート（文献26）のタイトルは、「国際建築展エムシャーパーク ― 古い産業地域の未来に向けたワークショップ」となっていた。これまで何度かドイツで開催された国際建築展の中でも、特に地域住民や地域関係者の協働作業がプロジェクト推進の中心に置かれていたのである。2章では、このような地域ワークショップの意味と国際建築展方式と呼ばれる地域開発プロジェクトの推進方法を整理する。

図89　20世紀ホールの内観
1994年5月に行われたIBAエムシャーパーク中間年国際フォーラムの展示会場に使われたボッフムの工場の機械棟。IBAエムシャーパークの副題になっている地域ワークショップは地域協働の意味で用いられているが、具体的に中小の参加型フォーラムや専門家の協働作業も多数実施された。

1. 地域ワークショップの必要性と進行方法

　ここでは、地域ワークショップとしてのＩＢＡエムシャーパークプロジェクトの必要性とそのプロジェクト推進の態勢と方法について述べる。このために、ＷＲＡＰ委員会『日独フォーラム記録』（文献46）に初出した原稿を編集使用する^(注1)。

注1：
T・ジーバーツ講演原稿：
(1)(2)(5)、H・D・コリネット講演原稿(3)(4)(6)

(1) ＩＢＡ(国際建築展)方式採用の背景

　ノルトライン・ヴェストファーレン州は、ルール地域のプロジェクトに取り掛かろうとした当時、地方自治の壁に突き当たってしまった。これは日本でも見られるように、既存の行政組織では、構造改革を成功させようとしても、必要な人材の導入ができない、あるいは育成されないという問題だ。特に、環境の問題も含めた総合的な課題への対応が難しく、その分、人と資金が不足して行き詰まってしまう。

　この問題は、エムシャー沿川で顕著であった。この地域はヘルベックと呼ばれる南部の圏域に比べて開発が遅れて始まったので、その分石炭・鉄鋼産業の成長の猛威にさらされていた。ヘルベックでは鉄鋼業も成熟しており、都市も存在していた。エムシャー流域には元々都市らしいものが無く、魅力的な自然景観や文化的伝統もなかったので、産業開発に対する抵抗が少なかった。それが、大きな構造問題を抱えることにつながった。こうした貧しい

図90　ワルトロップの運河の閘門（1899）
エムシャー流域の産業開発はライン・ヘルネ運河の整備とともに進んだ。ワルトロップなどに運河の落差を解消するための閘門が設けられた。（出展：Bieker 文献3）

エムシャー地域と、歴史的にしっかり根を張った基盤のあるヘルベック地域との構造的な格差というものは、ルール地方とドイツ全体との格差よりも大きい。

(2) ドイツのIBAの中でのエムシャーパークの特徴

　こうした状況の中で、州による「プランニング」への介入の考え方が変化した。投資や融資、あるいは法制による禁止や命令といった従来型の影響力行使を補うものとして、改革を狙う総合的な「アセスメント・プロセスの提案者」あるいは「改革運動の進行役（モデレーター）」としての州の役割が必要だと考えたのだ。

　高度工業化社会では、当事者としての市民とその利益を守るための機関の存在が、構造改革の前提条件となる。社会が複合的になってきているので、その分市民の取り組みが求められるのである。つまり、構造改革にとって何よりも大事な資本は、アイデアや提案を持った個々の市民なのである。

　実はドイツには、こうした体質向上ともいえるプロジェクトのためのツールとして　IBAがあったのだ。建築展というものは、ヨーロッパで長い伝統を持っていて、元来、新しい建築技術や建物を万博会場で展示することから始まった。

　これと似たものに庭園博（ガルテン・シャウ）がある。これもドイツでは長い伝統があり、開催する都市には広大な公園が残るので、都市の構造が改善される。

　以上のような建築展や庭園博は、オリンピックや万博よりも空間的な影響が大きいので、地域の人材や力を結集することが必要になる。これは、作業がある時期に集中するため、通常の行政組織ではとても対応できない。

　こうしたIBAの流れを、このIBAエムシャーパークも受け継いでおり、テーマそのものはベルリンの延長線上にあるといえる。また古い工業地域の将来のためのワークショップという性格から、IBAベルリンに比べて規模と内容が拡大している。ベルリンのIBAでも単独の建物だけではなく街区をつくろうとしたが、IBAエムシャーパークの場合は地域全体にわたってプロジェクトを分散配置することになった。つまり、エムシャーパーク

では、もはや都市や建築を中心に据えるのではなく、17の都市、200万の住民を中心に据え、それを介助する役割を建築や都市が担うという形となった。

　これだけ広大な空間における企てに、ＩＢＡという概念を使ってよいかどうか議論になった。ＩＢＡの歴史を振り返ってみると、次第にその空間概念は拡大してきているので、地域に当てはめることも可能だと考えることになった。

(3) ＩＢＡに対する州の思惑

　州政府は1988年に、17の自治体やその他の関係組織との合意をもとに、ＩＢＡエムシャーパークの実施を決定した。この時、ＩＢＡエムシャーパークの対象地域は、各市町村域の枠を大きく越えていた。市の境界をまたがって市街地がつながっている状況では、市域よりももっと広域で考える必要があった。その前提として、市と市の間、または地域経済と地域経済の間で、主な事業区域についての合意や、人工環境、自然環境の取り扱いの一般的基準に関する合意を図ることになった。その上で、促進プログラムを序列化し、調整する。そして、10年という期間に人材を集中させたのである。

　ＩＢＡの準備段階では４つの作業部会をつくり、このプロジェクトが広く社会的コンセンサスを得られるように努めてきた。自治体作業部会は17の自治体の代表者がメンバーになっており、経済作業部会は商工業界の代表者がメンバーとなった。また、建築計画作業部会は建築家やプランナーの団体の代表者がメンバーとなり、学術作業部会では様々な大学から委員を招いた。この作業部会での議論を元に、『メモランダムⅠ』（参考文献26）が1988年にまとめられ、ＩＢＡエムシャーパークの目標、内容、組織のあらましが定められたのである。

　ＩＢＡにワークショップの性格を持たせる発想は、地域開発の新しい考え方から導き出されている。かつて地域開発は、将来確実にでき上がるものの先取りと理解された。これに対して近年我々は、「地域開発というのは長期的プロセスで、その終着点は全く見えない」と考えるようになってきた。その中でプランナーは、か

つてのように胸を張って公共利益を代弁することが難しくなった。今日プランナーは、公共の利益が自然に発生するような次の段階を念頭に置くことしかできないので、民主的なプロセスの調整役、司会役に徹するべきなのである。

(4) ＩＢＡエムシャーパーク公社の組織

ＩＢＡエムシャーパーク公社は独特な組織で、民間会社の形態を採っているが、資本金は全額州が出資している。ＩＢＡエムシャーパーク公社は、プランニングや建設実施に関して自ら権限を行使することは一切無く、命令を出すことも、禁止を発令することもできない会社である。また、自ら投資するような資本も持たず、資本金は自社の運営を賄うことのみに使われた。

存続期間は、第１期と第２期に分かれそれぞれ５年と設定された。社員の内の専門スタッフは30名で、このスタッフもプランニングを自ら行うことはなかった。

ＩＢＡエムシャーパークのプロセス調整、その成果の広報と説明の業務は、ＩＢＡエムシャーパーク公社が担当した。そして、スタッフは計画、立案、コンペの準備、運営、実現の支援を行った。また、アイディアを出したり、プロジェクト主体に対して決定プロセスで助言をしたり、また、合意した質（クオリティ）が守られているかどうかを管理した。つまり、関係者が多数になっても、共通の目標を見失わないための作業をしたのである。

組織としては、まず、下図のとおり理事会がある。州首相を長

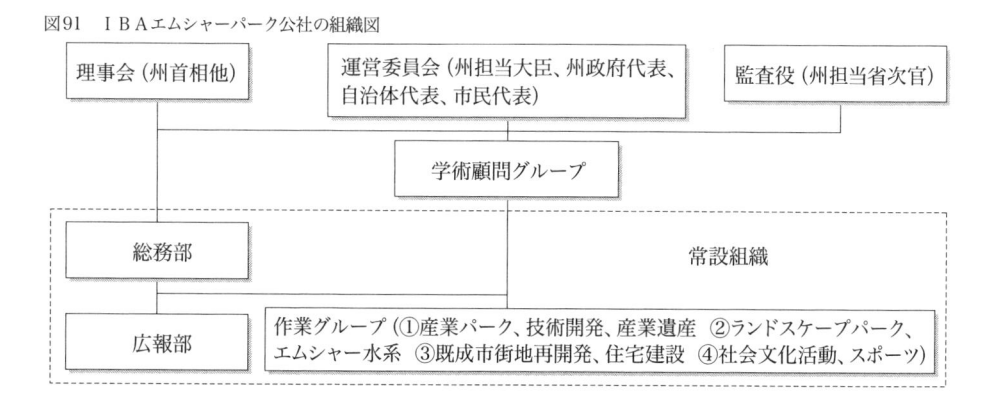

図91　ＩＢＡエムシャーパーク公社の組織図

図92　ＩＢＡエムシャーパーク公社が置かれた建物
ゲルゼンキルヒェン市のライン・エルベ炭鉱跡地の管理棟を公社の事務所兼会議場に使った。

とし、各界有識者で構成され、建築展を政治的に支援する役目を果たした。それから、プロジェクトの採用を決定する運営委員会は、州都市開発住宅交通大臣を長として、メンバーは、州の省庁や市、財界、労働組合、自然保護、プランナー及び建築家の組織代表などが集まっていた。さらに、経済、社会学、ランドスケープ計画、地域及び都市計画、都市建設・建築・造形、といったそれぞれの担当の学術顧問がいた。次に会社の常設部門では、総務、広報と並び、テーマ別の作業グループが置かれ、社員総勢30名がＩＢＡの業務に当たっていた。

(5) プロジェクト推進の原則と実行のツール
① プロジェクト推進の原則
　ＩＢＡエムシャーパークの事業には、7つのテーマごとにさまざまなプロジェクトが登録された。全部で100以上あり、これらが長さ70km、幅10kmの地域に展開している。各プロジェクトのテーマは、決してトップダウンで決めたわけではない。
　7つのテーマに対応する様々なプロジェクトを、互いの相乗効果を考慮して「束ねる」ことが極めて重要で、そこには次の6つの原則がある。
　第1に、斬新なアイデアを持ち、枠にとらわれない人々の主体性を擁護し応援すること。この地域には頭でっかちの石炭・鉄鋼産業があり、なかなか小回りが利かないので、それ自体を変える必要があったのである。
　第2に、ＩＢＡに参加するのは完全に自由意志とし、強制する

ようなことは一切しない。つまり主体性を活かすこと。

第3に河川改修、政策住宅、省エネルギーなどの36の助成システムを、プロジェクトの目的に合わせながら、最大の費用対効果を発揮させるように調整すること。

第4には、長期失業者対象の雇用の創出を図ること。この地域の失業率は他地域の倍なので、州の介入による雇用機会の拡大が重要であった。

第5が最も大切な原則で、生態環境面でプラスになるようにすること。どんなプロジェクトも、決してマイナスになってはならない。例えば、公園の拡大、雨水の貯留や地下浸透、環境に優しい建材の使用などを必ず条件にする。

第6は、どんなプロジェクトであっても文化的価値や美的価値を持たねばならないこと。何のメッセージも発信せず、見た目にも醜いプロジェクトであることを止めること。機能的であり、経済性の高いことは当然で、文化やアート面の価値が発揮できなければ、住民に支持されなかったであろう。

②プロジェクト推進のツール

こうした原則の実現にはいくつかのツールを使っている。

その第1は複数のアイデアを競い合わせること。つまり、エンジニアリング会社や専門家に呼びかけてプロポーザル提案コンペを、国内ばかりでなく国際的に行う。

第2にIBAエムシャーパーク公社が各プロジェクトに対して、コンセプト設定、競技設計、実施の各段階において入念な助言を提供すること。

第3が、前例のない科学技術上の問題が発生した際には、専門家セミナーを開催すること。例えば、雨水問題についてセミナーで方策を開発し、その地下浸透方法を実施させた。河川の改善に関しては、この地方特有の大雨の際の洪水対策があり、そうした水利エンジニアリング面の専門家のセミナーを行って具体策を開発している。

第4は、あるプロジェクトがIBA公社にとって経験のないものである場合に、国の内外からアートや建築デザインの専門家を

招き、数日にわたるワークショップを開催すること。これは、地域住民の関心を喚起する役割を果たした。

第5が、コンペの成果やその他の要求条件をプロジェクトで実現するために、「品質管理協定」とでもいうべき覚書を交わすこと。例えば断熱材の使用や省エネルギー対策の実施のような簡単なものから、周囲の景観に馴染ませる条件のようなものまである。

ＩＢＡエムシャーパーク公社の業務はこうした道具立てで進められた。これらは各プロジェクトにおける「何をつくるか」という面が円滑に進むだけでなく、プロジェクト関係者が「どのように作業するか」というノウハウになっているので、効率の向上になり、教育的な効果にもつながった。

③プロジェクト参加の動機付け

制約の多いＩＢＡプロジェクトに参加する動機付けは、3つあると考えられる。第1は、ＩＢＡの対象となったプロジェクトは、他に競合する内容のプロジェクトが無い限り、公共の助成金を優先的に受けられること。これは強力なインセンティブになった。

第2は、ＩＢＡ公社からのいろいろなサービスを受けられること。すなわち、ＩＢＡ公社は市町村やプロジェクトの事業主体に対するアドバイスやカウンセリングを実施して、プロジェクト提案がうまく手続きを通過し、計画意図が正しく実現することを見守る役割を果たしていたのである。

第3は、プロジェクトに参加することで社会的信用が高まり宣伝効果が上がること。結果として個々のプロジェクトは成功に近づくのである。

④プロジェクトに求められる先導性と学習効果

最後に、ＩＢＡプロジェクトに求められる先導性と学習効果を説明する。

第1は、プロジェクト自体が「オーラ」を持つということ。建物などのハードウエア自体が最高のクオリティを持つものでないと、他の作用も発揮できない。

第2は、プロジェクトが模範的な「モデル」となりえること。こ

れは、周辺のプロジェクトにも影響を及ぼすことになる

　第3は、プロジェクトの事業担当者とＩＢＡ公社スタッフが共に作業することによる人と人との相互作用。これによって参加者は、自らの成長を獲得したのである。

(5) プロジェクト参加の承認基準と個別プロジェクトの主体
①プロジェクト参加の承認基準

　1989年にＩＢＡは、そのオープニング・セレモニーの場で、地域のすべての関係先や主体に対して参加を呼びかけた。これは任意参加が原則だったが、その後、運営委員会で承認されたプロジェクト数は約120に上る。プロジェクトの承認基準は、第1に農地や緑地を侵すプロジェクトであってはならない。第2に、ランドスケープの再生に必要な空間をつぶすようなプロジェクトであってはならない。第3に、質の高さを保障するために、公開コンペなどを行う必要があった。

②個別プロジェクトの主体

　ＩＢＡエムシャーパーク公社は、これらプロジェクトの主体ではない。プロジェクト主体は、地元の当事者だ。まず17の自治体。次に、ルール自治体連合（ＫＶＲ）。特にルール自治体連合はルール地域の自治体によって結成されたドイツでも最古の自治体連合で、地域にわたる問題や計画・サービス業務を担うことを目的としている。この連合は関係する市とともに300km²に及ぶランドスケープパークを構築するプロジェクトを主に推進してきた。それから、州・連邦のレベルで行われる庭園博（ガルテン・シャウ）がある。その他に、NRW州内の２つの地方連合区域行政庁は、産業博物館をそれぞれ運営している。加えて、エムシャー排水組合が、350kmの長さの開渠式排水システムを分流式排水システムに改造して、水路を再自然化することを目指している。また、地域の当事者として重要なものに住宅管理会社がある。それから、各プロジェクトに関連して、民営組織のプロジェクト運営会社がある。

2. IBAエムシャーパーク開発の目的とテーマ

1988年の『メモランダムⅠ』(文献26)と呼ばれるＩＢＡエムシャーパーク構想書は、州政府内の議論と地域での議論を踏まえて、地域ワークショップの目的とテーマを以下のように設定した。

(1) ＩＢＡエムシャーパークの目的

ＩＢＡエムシャーパークは、アイディアと経験の交流、社会グループ間の対話、住民や経済界に対するコンセプトと計画の説明及び、国際的な専門学術会議の組織化を目的とした地域ワークショップである。このために、ＩＢＡエムシャーパークでは次のことが実施される。

①石炭・鉄鋼地域におけるエコロジー、経済、社会の革新を目的とした、長期にわたる実現可能な戦略を打ち立てる。
②ＩＢＡの基本的テーマを担うモデルプロジェクトを企画する。
③個々のプロジェクトを調整するための計画指針を作成する。
④革新に向けた戦略の布石としてアイディアを生み出すために、多数のワークショップを実施する。

ルール地域において、石炭危機に見舞われるまで続いた経済繁栄は、大量生産型産業構造と関係が深く、特にエムシャー沿川では以下の特徴が見られる。

・コスト削減のための集中的な設備投資
・分業、下請けの生産系列による生産品の価値低下
・未熟練工や単純労働者の割合の高さ
・環境の汚染

この経済動向は、大量生産が求めるインフラ建設を引き起こし、地域全体のランドスケープを全く違ったものにつくり替えてしまった。住宅と個人企業の施設配置にも大量生産の原理が用いられた。しかし、このような過度の開発がエムシャー沿川全域に及んでいるわけではなく、大量生産時代以前の景観や建造物も残されている。

偏った経済構造を特徴とするエムシャー沿川にとって、どのような生産構造、生産組織が望ましいかを考えることが重要である。時流に流されて程度の低い製品しかつくれない工場、つまり単純労働者だけで構成される魅力のない職場のために土地を提供するのは危険である。その結果として、この地域の生産基盤の価値を低下させることにもなりかねない。安い値段の土地がこのような目的のために広く提供されるのであれば、たちまちそれで埋まってしまうだろう。その敷地に関係する都市基盤は土地利用の際に改善されることなく引き継がれ、そして老朽化する。土地の改善要求も少なくその結果として公共負担も少なくなる。土地を保有する大企業の管財部局は、取るに足らない投資をするだけで、短期に莫大な地代を得ることになる。

エムシャー沿川がこのような経済的動機で動いていたら、失業問題等に対する対応策は得られず、将来発展するための足掛かりを失うことになるだろう。

しかし、それ以上に問題なのは、収益性の高い企業の進出を妨げることである。こうした新鋭企業は周辺環境や人間関係からはじきだされる可能性が高い。

IBAエムシャーパークは、このような状況下で、環境条件の整備を促進し、生産構造と企業構成を整え、生活スタイルの多用化の実現に寄与するものである。

(2) IBAエムシャーパークのテーマ

上記の目的に従って、以下のテーマが地域ワークショップとしてのIBAエムシャーパークの中に据えられた。(注2)

・エムシャー・ランドスケープパーク
・エムシャー水系の自然再生
・ライン・ヘルネ運河を市民の余暇空間に
・産業遺産を文化の媒体に
・公園の中で働く
・新しい住まい方と住まい

注2：
1998年に設定された7項目のテーマは実行段階で、
①エムシャー・ランドスケープパーク
②エムシャー水系の自然再生
③産業建造物の保存・利用
④公園の中で働く
⑤住まいとまちづくり
の5つの実施グループに整理された。概ね運河のテーマは、上記の①に吸収され、社会福祉、文化、健康増進のテーマは上記の⑤に吸収された。

テーマ1　エムシャー・ランドスケープパーク

　エムシャー川とライン・ヘルネ運河の流れに沿って、帯状のランドスケープパークをデュイスブルクからドルトムント間につくる。この作業は、ＩＢＡエムシャーパークの中で計画的に準備され、今後の手本になるようにその重要性を意識しながら部分的に実現させる。

　この戦略には、従来のオープンスペースの確保と２つの基本的な違いがある。ただ単に都市の拡大に対する防衛手段としてではなく、住民が意識できるくらい積極的にオープンスペースを増加させること。そして新しく得たオープンスペースを整備し、将来、低質な利用が入り込まないように質の高さを確保することである。このエムシャー・ランドスケープパークを整備する際、以下４点が重要な構成要素となる。

①多くの自然公園と社会文化施設を結ぶ魅力的な散策路とサイクリング路のネットワークは、東西方向ではライン・ヘルネ運河に沿ってつながり、南北方向は緑の帯の中を通る。

②自然保護地域から自然公園、ランドスケープパーク、市民公園、余暇公園、カルチャーパーク、小さな庭園にいたる大小さまざまな自然空間の複合体である。

③特にスポーツなど活発な余暇活動にとって良い条件となるべき土地と遊歩道を内在させている。

④湿地、自然風景にとけこむ水辺、人工湖水のシステム。これ

図93　バテンブロックのボタ山
このボタ山はＩＢＡ期間中に緑化され、頂上に展望台が設置された。p.1図6,p.13図63が整備後の様子を示している。
（出典：NRW州 文献26）

は、総体的に水面の少ないルール地域の風景において特に重要な意味を持つ。水質の改善についてであるが、ライン・ヘルネ運河と、鉱業用人工貯水池については各種のガイドラインを整備し可能性を広げていく。

テーマ2　エムシャー水系の自然再生

　もともとエムシャー川は、平坦地を蛇行する川だったが、工業化とともに汚染されていった。水位の低下が進むに従って、エムシャー川の汚泥が汲み出されることも多くなっていった。エムシャー川とその支流は、河川機能として、ルール川とリッペ川へ流してはいけないものを貯める「沈殿池」のような機能を受け持つことになってしまった。こうして人工の下水システムにつくりかえられていったのである。

　採鉱による土地の沈下に伴い、堤防建設による川の氾濫防止処置が必要となった。今日、エムシャー低地のほぼ30～40％が堤防で囲まれた0ｍ地域のようなところとなっている。合併式排水が主体となっているこれまでのシステムでは、降雨量に対応するだけの大きな排水容量が必要となる。こうして、それ相応の大きな断面積を持つ排水路へ改造されていった。

　この排水システムは、環境生態面から見て、再検討の必要があると思われる。ライン川と北海の水質保全の面から、またＩＢＡエムシャーパークの目的との関連から、果たしてどのような技術、

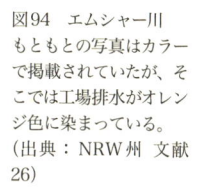

図94　エムシャー川
もともとの写真はカラーで掲載されていたが、そこでは工場排水がオレンジ色に染まっている。
（出典：NRW州　文献26）

建設、財政の手法でエムシャー水系の生態改善を中長期にわたって成功させるのか。このような問いに答えるための戦略を、検討しつくり上げていかねばならないのである。

このために、相当のスタディが必要になるが、いずれも次の3つの設問に対して答えを見出すためのものとなろう。

自然蒸散や自然浸透を促進するために、どうすれば地面の非透水部分を減少させることができるか。

表流水を取り戻すための施設、また、それによってよみがえる湿性野生生物生息環境と流水を、どのようなものにすれば総体的に水景に恵まれないルール地域のランドスケープを豊かにすることが可能になるか。

大容量の流末浄水場を、どうすれば高性能浄水場の分散設置に置き換えられるか。

テーマ3　ライン・ヘルネ運河を市民の余暇空間に

デュイスブルク・ルールオルトからワルトロップのヘンリッヒェンブルク閘門までのライン・ヘルネ運河は、1906年から1914年にかけて築造された。この運河は約37mの標高差を処理するために6つの閘門を有している。

鉱業を主体にした生産活動がエムシャー流域で下火になるに従って、大型貨物の輸送需要が停滞を見せるようになった。そのため、運河の主要機能であった「船舶輸送」から、従来まで副機能

図95　ワルトロップの閘門施設用地
（出典：NRW州　文献26）

であった「水辺の景観」「余暇」「動植物の生息地」に重心が徐々に移り変わってきている。

　船と関係のないこれらの機能は、これまでどちらかといえば何の計画準備もせず、いきなりつくられてきた。これに対してＩＢＡエムシャーパークの目的は、エムシャー沿川及びより広域の住民のために、このライン・ヘルネ運河の水辺に、運河に関する技術とランドスケープの特質を体験学習できるような場所をつくることである。その際に以下４点が重要な構成要素となる。

①既存の水面及び船着き場周辺を新しい屋外運動の場として活用する。
②ライン・ヘルネ運河の両河岸に、ランドスケープパークと連動した魅力ある散策路を整備する。
③ランドスケープパークの建設に連動させた水面の拡大（ただし水質、地質の条件と土地に関する権利関係から可能な場所において実施）。
④余暇活動の場の拡大。

テーマ４　産業施設を文化の媒体に

　ルール地方、とくにエムシャー地域には、産業化時代である19世紀から20世紀の建設・技術に関する文化財が、現在なお多数残されている。しかし石炭・鉄鉱産業の一層の衰退により、これらの文化財が消滅していく危険性がある。現状の傾向として、こ

図96　アレンベルク・フォルトゼッツンク炭鉱の賃金ホール
この施設もＩＢＡプロジェクトとして手を加えられ保存利用されている。
（出典：NRW州　文献26）

うした文化財の所有者たちは、採算に合わない維持費の不安から、事業を止めた段階で設備を取り払い、建物を取り壊している。だが例は少ないが、文化財としての価値がある有名な施設の中には、即刻採算の合うような新しい利用方法が見つけられる場合もある。

　ＩＢＡエムシャーパークの役目は、こういった産業文化財の意義、すなわちこの地方での歴史・文化についてのアイデンティティの重要性を、より一層認識させることにある。それはまた、重要な産業文化財を（うまい利用方法や保存の可能性がみつけられるように）少なくとも数年間維持するための組織形態・経営体制をつくり上げることでもある。

　この国際建築展では、保存のためにどのような手段が可能であるか、どのような技術、経済の実行手段があるか、建築と美術と文化の総合力で、過去の建造物や技術を新たに見直し演出するにはどうすればよいかといった諸点で、手本を示さなければならない。

テーマ5　公園の中で働く

　エムシャー沿川を、異業種が複合化した企業立地構造へと変身させるには、各地において充分な計画、そして段階的な前準備と仕上げの段階が必要である。このことは、世界的に分業化の進む産業部門、生産事業に関連したサービス部門及び一般サービス部門で世界を競争相手とする場合にはなおさらである。

　そのため「公園の中で働く」というテーマをもとに、公私の投

図97　デュイスブルク内陸港
この旧港湾エリアもＩＢＡプロジェクトとして国際業務集積地として再開発されている。p.7,8 に現在の写真がある。
（出典：NRW州　文献26）

資家の協力によって、質の高く魅力的な職場空間を、つくり上げなければならない。「公園の中で働く」という計画には「産業パーク」、「業務パーク」、「研究パーク」が挙げられる。このコンセプトは、最近はやりの一般的な「住宅パーク」や「産業パーク」とは異なる。近代的な企業の誘致やレベルの高い従業者の採用に関し、魅力ある立地がいかに重要であるかは世界の多数の先例が示している。この視点から見ても、「公園の中で働く」というアプローチは、工業地域の新しい側面を開くための活力、そしてまた生態環境と経済のための活力を持たなければならない。このために、以下の4つの空間的質を備える必要がある。

①恵まれた広域的な交通条件を持つ広大な敷地に、ランドスケープデザインと都市デザインを上手に組み込む。
②ランドスケープと都市空間という2つの領域の接点を生み出すような卓越した都市構造をつくる。
③将来の生産条件を踏まえ、美的で万人が納得しうる造形言語を備えた上質な建築物を整備する。
④企業向けの施設や、社会福祉施設において、従来からのインフラに生態的な供給処理施設など、新しい機能のインフラを加える。

テーマ6　新しい住まい方と住まい

　新しい生活のスタイル・生活方法を生み出すエムシャー沿川の（自然生態・経済・社会部門の）刷新は、これまでとは異なった質の住宅と住まい方によって初めて可能となる。住宅数と世帯数が釣り合っているからといって、その質と規模の不足に目をつぶってはならない。
　手本となる住宅を考える場合、初期の段階から社会と生態環境についての観点を考慮しなければならない。
　それゆえ、住宅改善と住宅建設の際に、住民参加と協働により住民とプロジェクトの関連付けを行い、社会福祉・文化・スポーツ活動のための新しい場の提供を促す必要がある。このために、以下4点が重要な構成要素となる。

図98 ゲルゼンキルヒェンの改修工事前のシュンゲルベルク住宅団地 p.84,85に改修後の写真がある。
(出典：NRW州 文献26)

①コミュニティや生態環境の改善の視点と、建築・都市計画の質の向上の視点での企業団地の改善。
②労働者住宅街の構想を、現代的に考え直した「未来の住宅地」の計画。
③組合の考え方を取り入れた共同生活形式の住宅の展示。
④会社繁栄の努力の結果、またはそれを前提としてエムシャー地域に転入しようとする人、あるいは社用で特定期間居住しようとする人達のための魅力ある従業者用住宅の供給。

テーマ7　社会福祉、文化、健康増進のための新しい可能性

　今後も労働時間は短縮されてゆく。これは、技術及び組織面での革新が、一層進むからである。さらに女性の雇用の拡大と失業の解消には、職の平等な配分と就業時間の短縮が必要となってくる。
　したがって、ＩＢＡエムシャーパークでは、どのような社会事業や文化事業で、余暇時間を満たすことができるかという設問に対する答えを見つけなければならない。
　また新しい職業形態と社会・文化活動の他、ここでは、家事と住宅、庭、住宅周辺、近隣、地区での私的活動にも注目しなければならない。
　失業者と早期退職者を抱える石炭・鉄鋼地域では、私的活動と社会・文化活動が重要な意味を持つ。ここで留意しなければなら

図99 地域内の市民農園
(出典：NRW州 文献26)

ないことは、職についていない場合、これらの活動の中で力を発揮することが難しくなっていることである。

労働政策と職場の確保による仕事の平等な配分は、それゆえ決定的な条件となる。その他には、住宅、住環境、住区の造形的な美しさが外的条件として関係する。反対に、うす汚れ、密集し、他人に支配された感の強い住環境は、私的作業や社会活動に悪い影響を及ぼす。

この国際建築展では、そのために、私的活動と社会活動の前提条件を改善するための住区の改善と、屋外空間の再構築をテーマとしてとりあげる。その際に以下５点が重要な構成要素となる。

①屋外と庭園についての新しい提案の作成。
②地域での社会活動、及び地域文化の組織と提供場所の改善。
③地域における、市民自主運営あるいは市民参加による、生態的な供給処理施設のデモンストレーション。
④児童、青少年、大人の遊び及び社会活動のための可能性の拡大。
⑤運動による文化と健康のための新しいプログラムの提供。

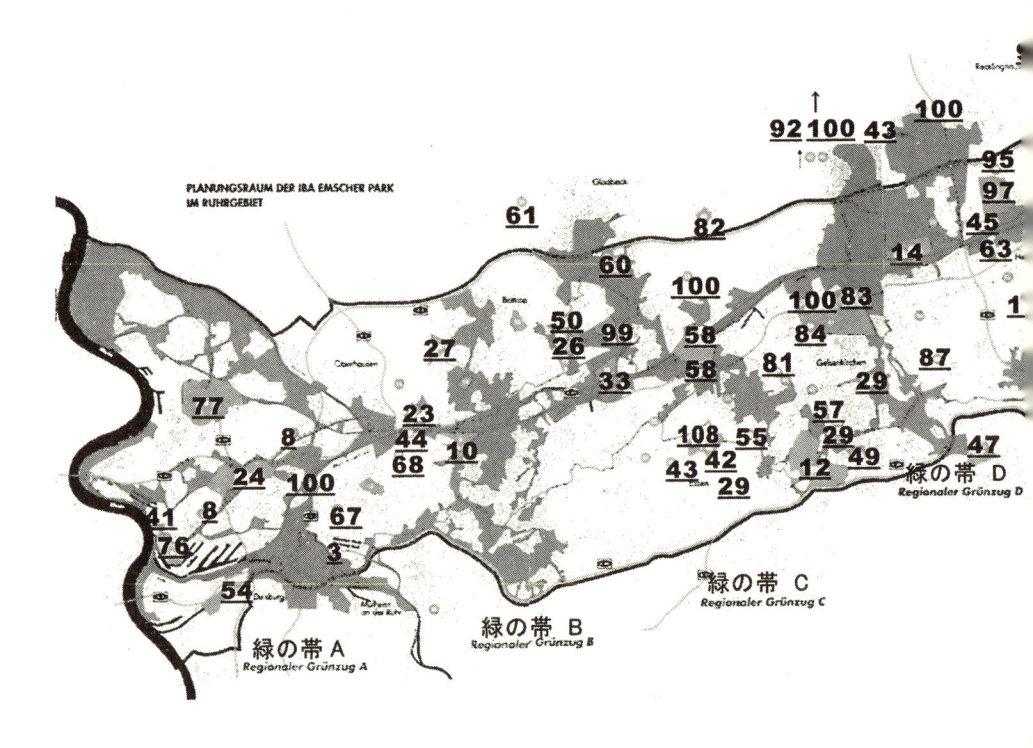

PLANUNGSRAUM DER IBA EMSCHER PARK
IM RUHRGEBIET

緑の帯 A
Regionaler Grünzug A

緑の帯 B
Regionaler Grünzug B

緑の帯 C
Regionaler Grünzug C

緑の帯 D
Regionaler Grünzug D

第3章 IBAプロジェクトの狙いと成果

　1988年に公表された7つのテーマは、プロジェクト実施段階では、以下5つのプロジェクト・グループに再編成されて推進された。
・エムシャー・ランドスケープパーク
・エムシャー水系の自然再生
・産業建造物の保存利用
・公園の中で働く
・住まいとまちづくり

　プロジェクトの数は123に達し、公共投資総額は約30億マルクだった。3章ではIBA公社が1999年に解散する前に公表した2冊のレポートをもとに、それぞれのテーマ・プロジェクトの狙いと10年間の成果を整理する。

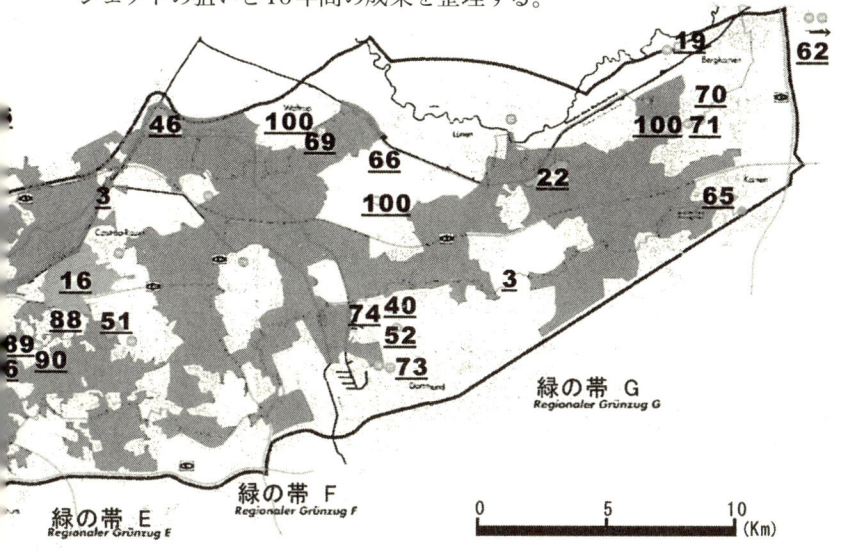

図100　個別プロジェクト位置図
エムシャーパークの中にある個別プロジェクトの位置を示している。番号はp.138-142の個別プロジェクトのデータの通し番号に対応している。濃いグレーになっているところは、エムシャー・ランドスケープパーク。薄いグレーになっているところは大規模プロジェクト用地。

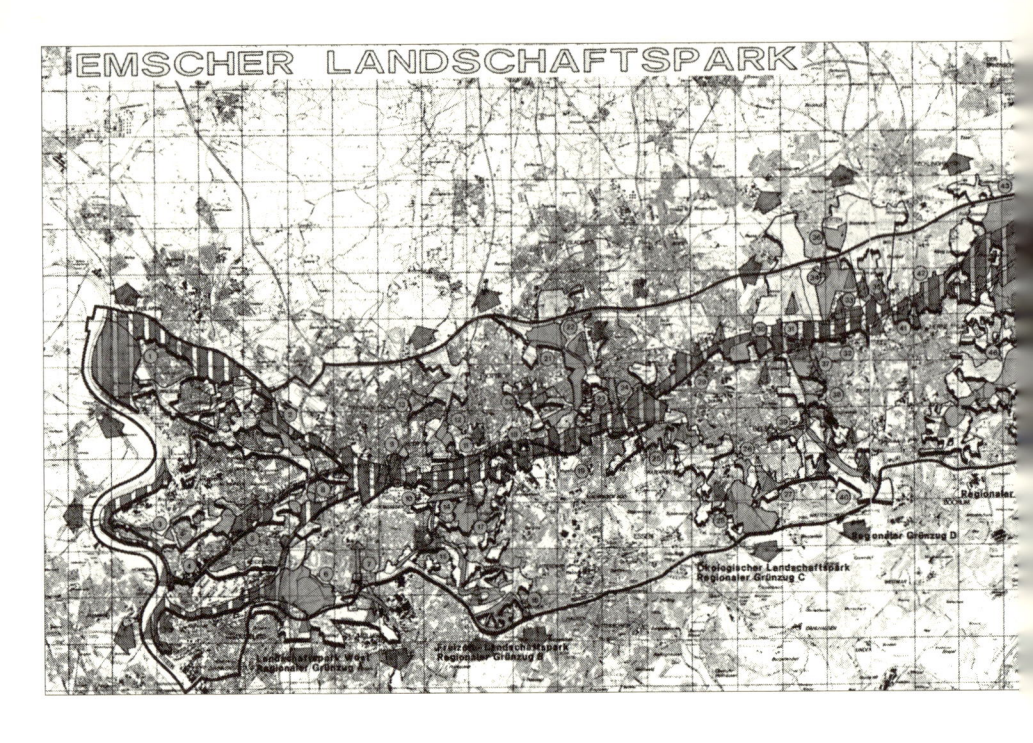

1. エムシャー・ランドスケープパーク

(1) ランドスケープパークの狙い

　エムシャー・ランドスケープとは、エムシャー沿川に残存する様々なタイプの緑地に産業遊休地を加えて、300km²の広域緑地システムをつくる試みである。

　この広域緑地はライン・ヘルネ運河、エムシャー川、そしてエムシャー・ハイウェイにそった東西方向の長い緑の帯と南北方向のAからGの7本の短い帯から構成されている。

　このエムシャー・ランドスケープパークの基本コンセプトは、1920年代にR・シュミットが作成したライン右岸開発計画（ルール地域開発計画）における緑地の扱いと、彼が率いるルール石炭地域連合（SVR）の緑化活動によって生まれた東西の緑の帯を拡張したものである。

　この構想の具体化を助けたのは、州の土地ファンドと呼ばれる産業遊休地買上げ制度である。

　IBAエムシャーパークにおけるランドスケープパークの開発整備目標は以下となっている。
・環境負荷を受けている土壌や水系の浄化、オープンスペースの連続性回復、整備されたランドスケープパークにおける生物種多様化による生態系再生

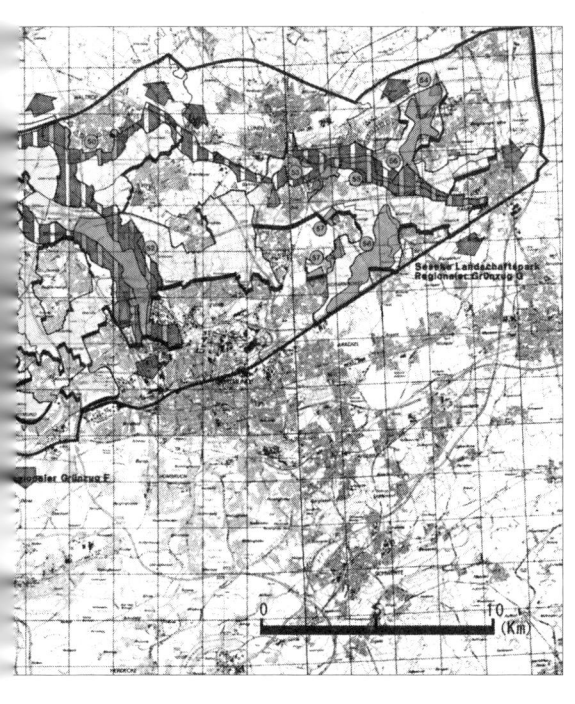

図101 エムシャー・ランドスケープパーク基本構想コンセプト図
1992年にルール自治体連合が作成した構想図案集の4枚目の図面で以下のコンセプトが示されている。
・エムシャーパークの位置
・東西の緑の帯
・パーク整備の重点地区
・ランドマーク整備
・造形要素の付加
・オープンスペースの連続性
(出典：KVR 文献20)

・市街地の外側で島状に孤立している生物生存空間のネットワーク化と緑地、農地、水面などのオープンスペースと既成市街地との連結
・レクリエーション、スポーツ、文化活動のための空間をランドスケープパークに加えた新たな美的風景の創造
・既成市街地や市街化予定地での土地利用転換による、大規模で一体的なオープンスペースの確保

(2) ランドスケープパークの成果

プロジェクトは大きく広域緑地計画策定と具体の公園緑地整備に分かれる。広域緑地計画はエムシャー・ランドスケープパーク基本構想と、6本のBからGの緑の帯計画の合計7プロジェクトである。具体の公園緑地整備計画は1999年の段階で22に達し、これら29のプロジェクトに対して全体公共投資額の15％に当たる4.5億マルクの公共投資がなされた。

(3) 個別プロジェクトの概要
① 基本構想

約800km^{2}のエムシャーパークの約4割に当たる約300km^{2}を計画対象地として、エムシャー・ランドスケープパーク基本構想案が1992年に作成された。この構想は、関係する17自治体とルール自治体連合（ＫＶＲ）の協議の上に作成されている。広域緑地整備は基本構想として合意され、公園、緑地関係のプロジ

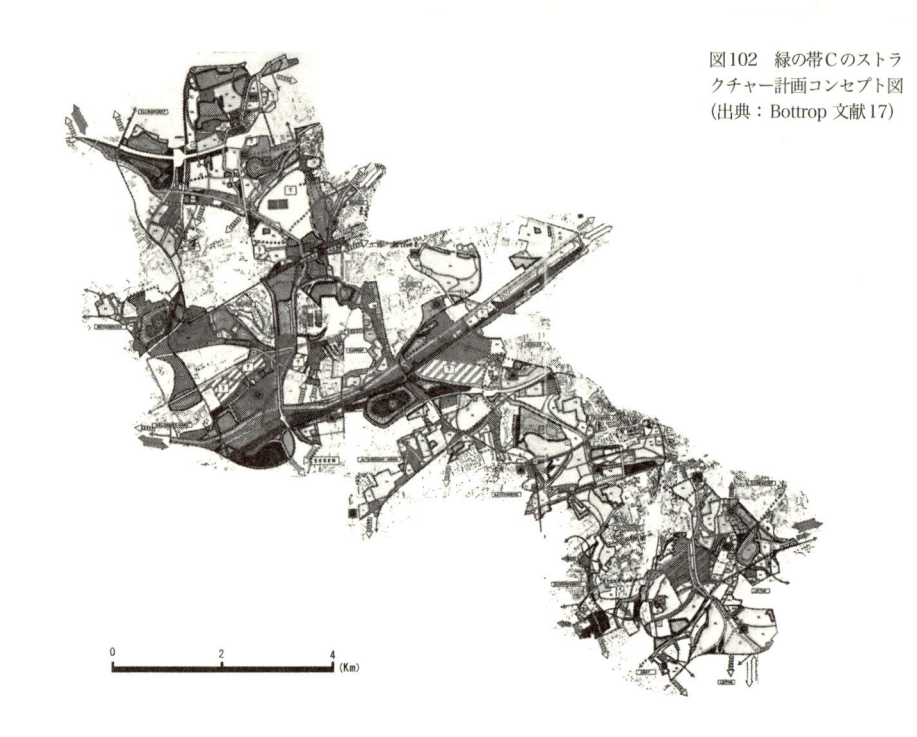

図102　緑の帯Ｃのストラクチャー計画コンセプト図
（出典：Bottrop 文献17）

ェクトの全体コンセプトを明確にした。
　こうして、ランドスケープ基本構想は、ほとんどのＩＢＡプロジェクトに対してランドスケープ形成上の指針を与え、100余の ＩＢＡプロジェクトが有効に地域のランドスケープの再構築を分担することになった。

②緑の帯のストラクチャー計画
　基本構想を具体的に個々の自治体の開発・保全に結び付けるために緑の帯ストラクチャー計画と呼ばれるＡからＧの7本の広域緑地枠組み計画が作成された。これは南北方向に連続する緑の帯に関係する3ないし4の自治体の合意の上でまとめられ、必要に応じて個々の自治体によって自然・ランドスケープ保護法に基づく計画に置き換えられている。この計画により、自治体緑地公園計画と広域計画が連動することとなり、ローカルな整備事業の広域連携が実現した。
　また、既成市街地の外側のランドスケープを計画として明示することにより、事実上、市街地の緑地側への拡大侵食を食い止める役割を果たしている。この自然・ランドスケープ保護計画を保護法に基づいて、法的拘束力を持たせるような動きがエムシャー沿川自治体においても見られる。

③ランドスケープパークの整備
　遊休化している大規模産業用地8カ所

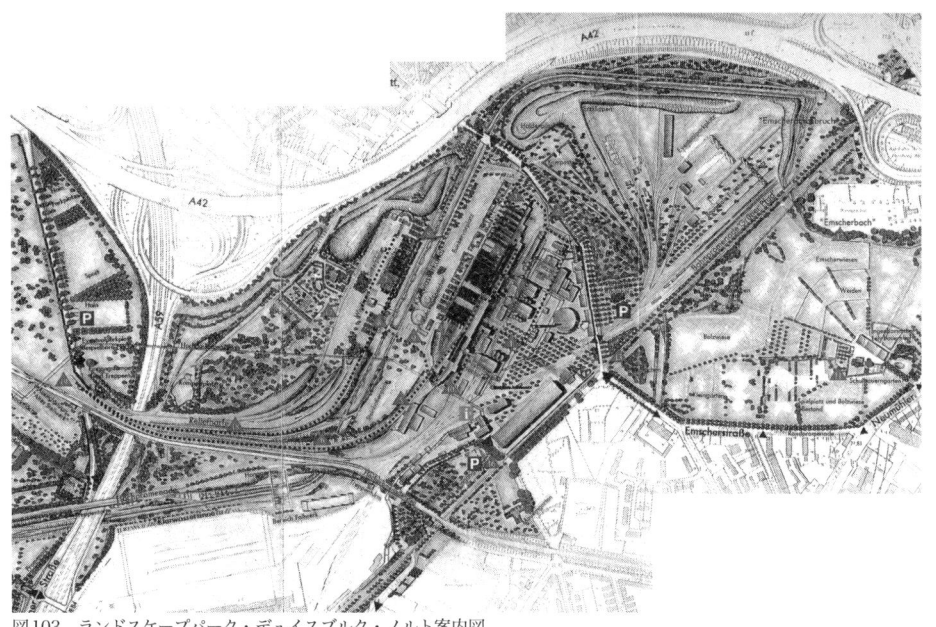

図103　ランドスケープパーク・デュイスブルク・ノルト案内図
(出典：Landschaftspark Duisburg-Nord 文献25)

で大規模緑地公園整備のプロジェクトが実施された。

大規模緑地公園整備の代表例としては、デュイスブルク市のマイダリッヒ製鉄所、ティッセン第4、第8立坑などの200haの跡地を整備したランドスケープパーク・デュイスブルク・ノルトが挙げられる。

ここではデュイスブルク市が事業主体となって、精錬施設の保存価値の鑑定や動植物生態カルテの作成、跡地公開の周知作業などを行った上で、利用計画づくりを行った。

計画者と計画案の選考は、5組の計画チームを招いた国際競技設計により行われた。このコンペでは住民グループとの協働作業が義務付けられ、コンペを通じて、遊休地の住民開放と活用に関する市民の議論を喚起することになった。

「地域の歴史の尊重」「段階的な開発整備」「設計作業への市民参加」といった評価指標に関して優れた解答を示したP・ラッツの案が選ばれ実施された。

この公園は、保存活用されるマイダリッヒ製鉄所施設を中心にして周辺を自然保護地区が取り囲む構成となっている。このうち製鉄所施設部分は、「産業博物館」「イベントホールや屋外劇場」「ロッククライミングや綱渡りなどの冒険公園」「通常の市民公園」として整備された。このプロジェクトは、「ランドスケープパーク」のプロジェクトグループの中

図104 ランドスケープパーク・デュイスブルク・ノルトに整備される以前のマイダリッヒ製鉄所
(出典：NRW州 文献26)

図105 1999年州庭園博の敷地となったオスターフェルデ炭坑跡地のランドスケープパーク

でも特にモデル性が強い。また同時に、「産業建造物の保存利用」のプロジェクトグループの課題に対するチャレンジ例でもある。

④庭園博覧会とタイアップしたランドスケープパーク整備

IBAエムシャーパーク自体、地域イベントと地域開発を合体させたような趣があるが、ドイツでは庭園博開催を1つの目標に設定して公園緑地整備を行うというやり方がある。

エムシャーパークにおける大規模緑地公園でも、1996年リュネン州庭園博、1997年ゲルゼンキルヒェン連邦庭園博、1999年オーバーハウゼン州庭園博が開催されている。

⑤広域ルートの整備

およそ東西70km南北10kmのエムシャー沿川の約40％を占めるランドスケープパークエリアを実際に住民が楽しく移動できるように、大規模緑地公園整備と並行して、以下7つのルート整備プロジェクトが行われた。

・東の端と西の端をつなぐ散策ルート
・東の端と西の端をつなぐサイクリングルート
・ライン・ヘルネ運河の観光船ルート
・貨物線を使ったエムシャーパーク観光鉄道
・ライン・ヘルネ運河のボート回遊ルート
・産業文化を巡る観光ルート
・貨物線の跡地を使った緑の小道

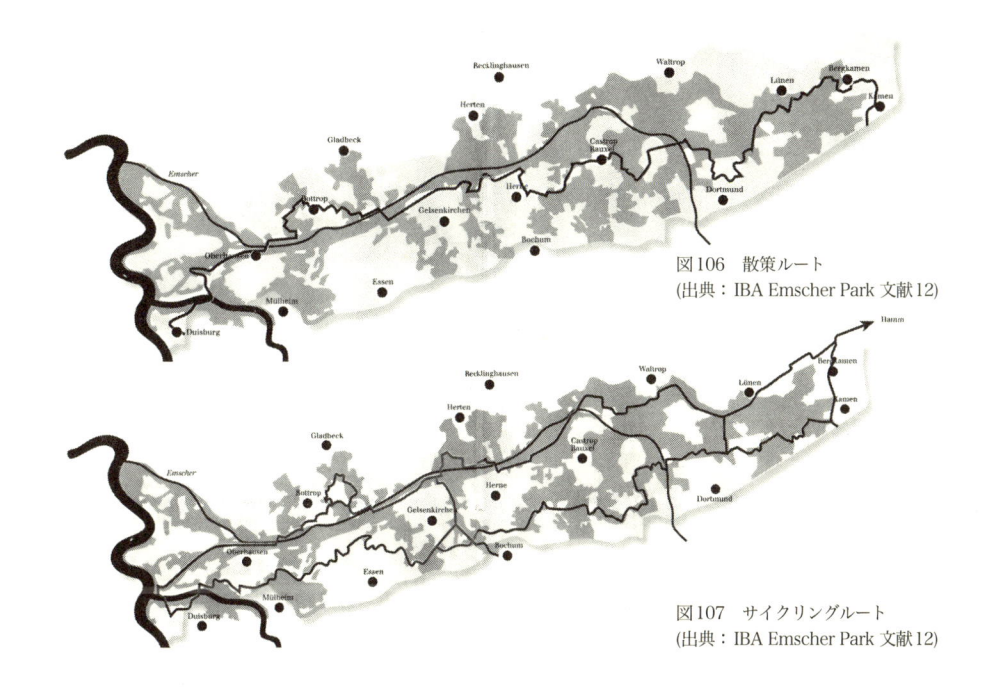

図106　散策ルート
(出典：IBA Emscher Park 文献12)

図107　サイクリングルート
(出典：IBA Emscher Park 文献12)

　散策ルートとサイクリングルートは、運河沿いの景観、良好に保たれている古い労働者住宅地、産業建造物、ボタ山、炭鉱の櫓、近代以前の建築などを巡回できるように設定された。サイクリングルートはルール自治体連合が整備し、散策ルートは沿川自治体が整備していた。具体的には調査を行い、サインやマップの整備が行われた。サイクリング関係では、「住まいとまちづくり」のプロジェクトとして、「自転車の駅整備」が3ヵ所で実施されている。これは、乗り捨て可能なレンタル自転車センターをサイクリングルート上の産業建造物に併設させるものである。

　一方、NRW州経済省が設置した諮問委員会は「鉱区を巡る旅マスタープラン」をまとめ、「産業文化の道」の整備が行われた。散策ルートとサイクリングルートが住民の生活の側から組み立てられていたのに対して、このプロジェクトは観光産業の側面から組み立てられていた。従って、どちらかというと特異な産業遺産やランドマークがもたらす訴求力のある景観を重視し、それを見せるためのサインとマップ整備を行った。

　また、実際に乗客を募り、観光船と観光鉄道の乗車券を販売して試験運行する実験が行われた。このチャレンジもその後の季節運行や定期運行につながっている。

第3章　IBAプロジェクトの狙いと成果

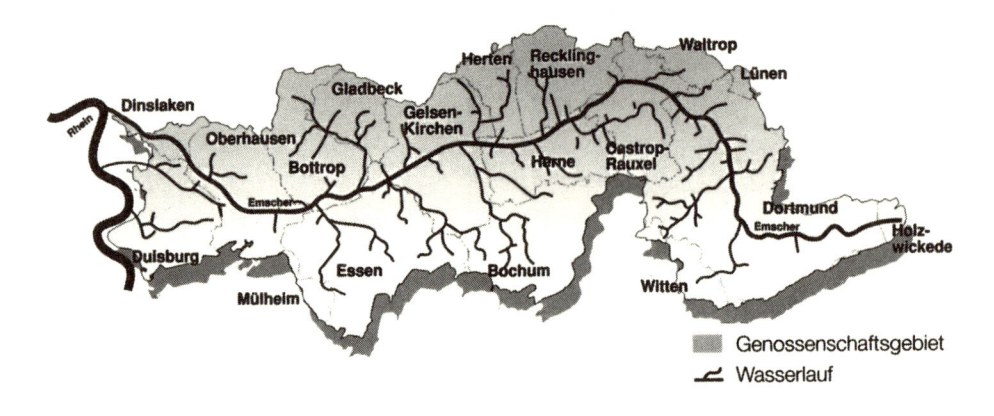

図108　エムシャー排水の系統図
外枠はエムシャー排水組合の管理エリア。(出典：Emschergenossenschaft 文献4)

2. エムシャー水系の自然再生

(1) エムシャー水系自然再生の狙い

　エムシャー川はルール工業地域北部を東西に70kmにわたって貫き、ライン川に合流する河川である。この河川は20世紀の鉱工業開発の中で、支流も含めて開渠型の排水路に改造されてきた。

　この地域は丘陵地帯にあり、微地形が多く排水系統整備には困難があった。19世紀末に衛生問題が社会問題になったのと時を同じくして、この地域においてエムシャー排水組合が設立され、人為的な排水系統整備が開始された。

　この地域は採炭・採鉱による地盤沈下が多発しており、地盤面が排水路の水面よりも低い地区が少なくない。このことなどからポンプ施設、堤防、コンクリート河床などを多用した開渠排水システムが構築され、これと引き換えに水系の自然が失われた。

　地域の排水を担っているエムシャー排水組合は、全体のシステム改善を漸進的に進めることを1980年代末に決めた。背景には、現行の雨水と汚水をいっしょに排水し、流末で一元処理するシステムでは法的な水質基準を確保できないことがあった。また、採炭、採鉱地区が減少したことから地盤沈下時に補修が容易な開渠式排水を堅持する必要がなくなったこともきっかけとなった。

　30年から40年を要するといわれる全体のシステム改善の柱は以下の3つである。

図109　ボットロップ浄水場の建設現場

①排水系統を分流式に置き換え、汚水本管を河川に沿って地下敷設する。
②高性能浄水施設をエムシャー川流末に加え新規に分散配置し、エムシャー川の水質を改善する。
③市街地の雨水排水に関して敷地内処理や流達時間遅延化などを推進し、ピーク時の排水量を抑制する。

　ＩＢＡエムシャーパークにとって、エムシャー水系の自然再生は「鉱工業開発によって疲弊した河川が再生される」という象徴的意味を持っている。このことから、ＩＢＡ開催期間には全体改善計画の一部が実施されるに止まるが、ＩＢＡ公社は以下の促進、誘導の重点を定めてプロジェクトを促進した。

①新たな浄化施設を、浄化水準だけでなく土地利用や景観形成について環境に適合化させる。
②エムシャー川支流において近自然工法により生態機能の回復を試みる。
③開発地において雨水の地下浸透、貯留蒸発、循環利用などを誘導し、水系の水量調整を行う。

(2) エムシャー水系自然再生の
　　共通の考え方
　以下、『エムシャー排水組合資料』(文献5)に示されたエムシャー水系自然再生の考え方を要約する。基本的に将来実施されるエムシャー川本流の自然再生は④の自然型の水路改修となる予定である。

第3章　IBAプロジェクトの狙いと成果　67

①暗渠型の水路改修

②自然型の水路改修（変形）

③都市型の水路改修

④自然型の水路改修

図110　エムシャー水系自然再生のコンセプト（出典：Emschergenossenschaft 文献5）

①暗渠型の水路改修

　排水路で自然回復を図る場合、雨水と汚水を分けることが前提となる。この場合、汚水排水は管路として地下埋設される。これまで市街地内においては、土地不足から雨水が合流する下水管を地下埋設し、水路敷自体を緑道などに利用するケースが多かった。この方法は自然再生の観点に立てば、地下水脈が全く存在しないところで仕方なく採用するものである。

②水量の少ない自然型の水路改修

　土地の条件によっては、汚水排水を水路から切り離した場合、降雨時以外に水が流れなくなる場合がある。自然状態でもこのような水脈は存在するので、降雨時の川道と堤防を確保しつつ、これにふさわしい自然回復を行うべきである。

③都市型の水路改修

　周辺が市街化していて自然な高水敷が確保できない場合は、自然に近い護岸と人工的な護岸を併用し川幅を節約しながら生態環境を回復する。人工護岸に関しては、自然石などを用いる伝統工法を採用することで生態環境の連続性を保つことができる。

④自然型の水路改修

　充分な幅の高水敷を確保できる場合は、堤防の傾斜を緩やかにし、川道も広く蛇行させる。このように自然河川に近い形状を再現することで、より豊かな生態環境を回復させることができる。

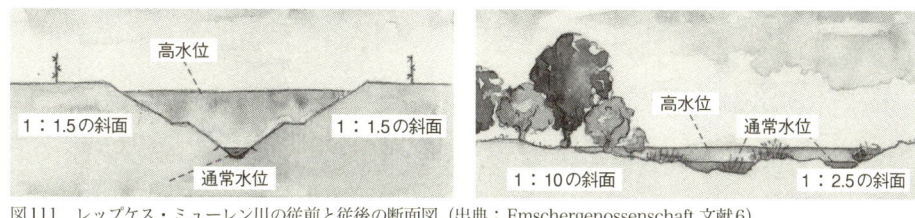

図111　レップケス・ミューレン川の従前と従後の断面図（出典：Emschergenossenschaft 文献6）

図112　整備後のレップケス・ミューレン川

(3) IBA促進プロジェクトの概要

公式にIBAプロジェクトとして登録されたのは、10プロジェクトで、研究事業3、浄水場建設事業1、エムシャー支流の改修事業6となっている。

概ね事業の主体はエムシャー排水組合であるが、エムシャー支流の改修は地元自治体との共同事業となっている。

流末処理場を除くエムシャー水系自然再生プロジェクトに対して、3,000万マルクの公共投資がなされた。これはIBAプロジェクト全体の1％にすぎないが、排水システムの改善に関する本体事業資金は別途用意されている。

IBA公社の役割は他のテーマ・プロジェクトとは異なり、応援役に止まっていた。そこで果たした大きな役割は、エムシャー水系全体のシステム改善計画の周知であった。これには、2つの意味があった。1つは、国際河川ライン川の汚染源であるエムシャー川の水質改善への取り組みをアピールすることであった。また、もう一つは沿川の住民、企業に対する計画の周知で、これはある程度工事費用が下水料金に反映することも念頭に置いたコミュニケーションであったといえよう。この意味では、IBAの期間に実施された初動プロジェクトの成果を見せて理解を深めたことが、最大の成果だといえる。

(4) IBA期間の成果

①ボットロップ浄水場の整備

開渠排水系統であるエムシャー水系を

図113　整備後のボイエ川
（出典：IBA Emscher Park 文献14）

生態的なものに改善するには、分散処理を前提とした分流式下水処理系統の整備が必要とされている。

この分散処理システム構築のための最初のプロジェクトとして、1927年建造のボットロップの流末処理場がつくりかえられ、流域人口130万人対応のものになった。

この施設建設には新しい浄水技術が導入され、浄水技術全般に対する実験的役割を担った。またこの敷地が、ライン・ヘルネ運河とエムシャー川にそった東西方向のランドスケープパークの帯と、南北方向の緑の帯の交差点にあることから、ランドスケープとの協調という目標の中で、スマートな撹拌沈殿槽のデザインが生まれている。

②支流の自然再生

IBAエムシャーパークが開始される1989年時点で手をつけられていたエムシャー水系の排水路再整備区間は6カ所で、この内3カ所が自然型、1カ所が都市型、2カ所が暗渠型である。この内のレップケス・ミューレン川は、自然型水路改修を受けたエッセン市とオーバーハウゼン市にまたがる排水路である。ちなみに、正式にIBAエムシャーパークプロジェクトに登録されている排水路再整備区間はIBA期間中に着工する6カ所で、複数の形式が1水路に共存するものとなっている。

レップケス・ミューレン川は1920年代に河道を直線化し堤防を築く整備がなされ、その後、河川の自然生態環境は壊

図114 アレンベルク・フォルトゼッツンク炭坑跡地の産業パークの雨水貯留池

図115 オーバーハウゼン環境技術センターの屋上緑化による雨水流下遅延化の試み

滅していた。これが、エムシャー水系の全体システム改善のパイロットプロジェクトとして再生されることになり、1989年に再自然化工事が開始され、約半年で自然の姿を取り戻した。これは、エムシャー排水組合による水路に沿った1.8kmの汚水配水管敷設が前提となった。結果的に全長1.7km、関連区域707haの自然再生がなされた。工事により従来1：1.5の斜面の高水護岸を1：2.5～10の高水護岸につくりかえ、合わせて低水敷の幅も拡張された。川道の蛇行形状や中州も復元され、ヘックス川からの清流の流入も手伝って、湿地帯の生態系が復元された。

(5) 雨水排水の軽減

大きな堤防を設けずに自然な形状の河川に戻すには、市街地における雨水排水を直接雨水排水システムに持ち込むのではなく、なるべく地下浸透させたり、貯留して蒸発させたり、屋上緑化などにより流達時間をかせぐなどの建築敷地側の対応が必要不可欠となる。

ＩＢＡエムシャーパークでは、「公園の中で働く」や「住まいとまちづくり」のプロジェクトでこれを推進した。

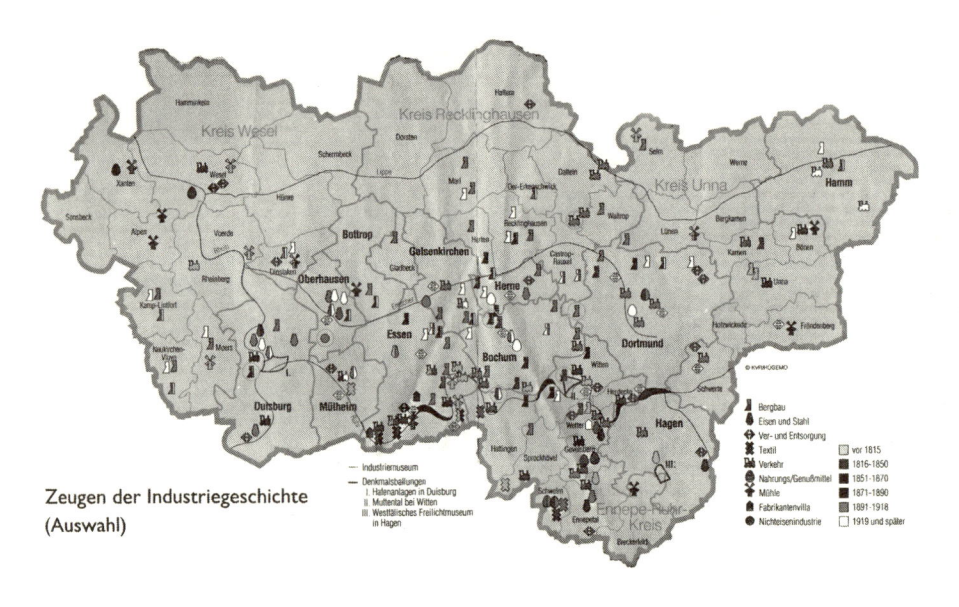

図116 歴史的に意味のある産業遺産の分布図（出典：KVR 文献23）

3. 産業建造物の保存利用

(1) 産業建造物の保存利用の狙い

　産業施設、炭坑施設を歴史の証人として保存し新たな利用を図る。この産業建造物の保存利用は、ＩＢＡエムシャーパークの数多くの個別プロジェクトで実行されている。

　これらは、２つの考え方に支えられていて、１つは発展していた頃の地域の文化を形あるものとして保存していくという考え方。もう１つはサスティナブルな地域開発の一環として、用途を失った建造物を再利用する考え方である。取り壊されようとしている建造物の中には、その建造物に対して新たな利用目的さえ見つけてやれば、その利用目的に対して新たな建築が行われるより、経済的で環境負荷が小さくなる。

　こうした考え方に従って、ＩＢＡエムシャーパークでは19世紀末から20世紀にかけての建造物の保存利用を含むプロジェクトの数が多くなっている。

　このため、この２つの考え方は「産業建造物の保存利用」のテーマ・プロジェクトだけでなく、「ランドスケープパーク」「公園の中で働く」「住まいとまちづくり」の中にも反映されている。

　こうした中でＩＢＡのテーマとしての「産業建造物の保存利用」は、重工業と大量生産が台頭してから巨大化した産業建造物の保存を意図的に扱った。巨大な

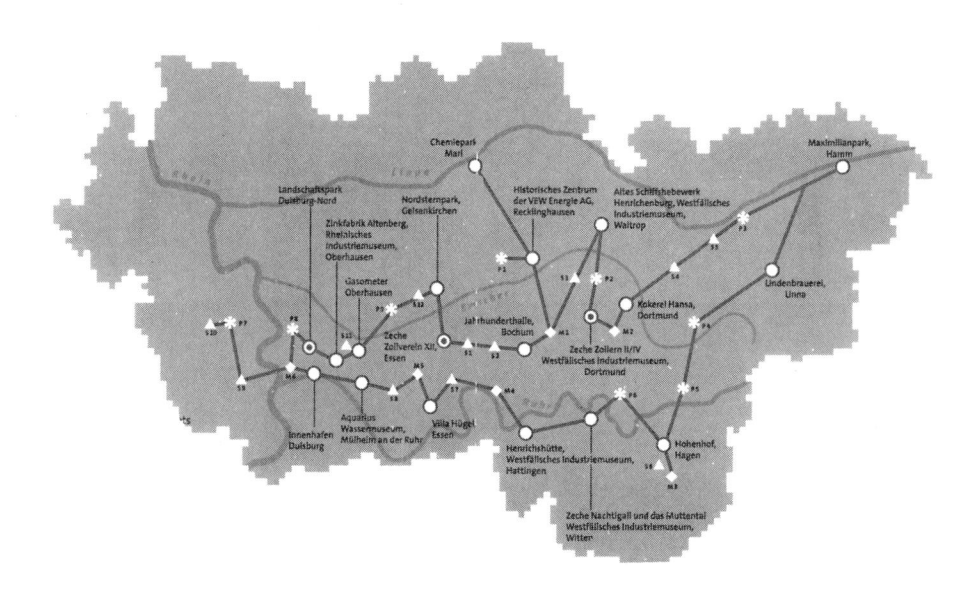

図117 産業文化の道のルートダイアグラム（出典：KVR 文献21）

産業建造物保存の困難さを認めた上で、利用アイディアを積極的に出そうとしたのである。

1992年に関係自治体とルール自治体連合（KVR）がまとめたエムシャー・ランドスケープ構想の中で、ランドマークとして産業建造物の位置付けがなされている。また、独特の地域の景観イメージを観光開発に利用する目的で「鉱区の旅＝産業文化の道」の計画が1997年にまとめられている。この計画によって、それぞれのランドマークに関係性が付与されることになった。こうして、ＩＢＡの期間中に20世紀の産業建造物の保存の意義は明白になっていった。

一方、大規模化した建造物保存にはそれなりのコストがかかるため、何らかの利用法を見つけることが取り壊しから建造物を救い出す、あるいは、取り壊しを延期させる唯一の手段であることにかわりはなかった。実際、州の博物館部局が保存建造物を引き取ることには、財政面で限界があった。

このようなことから、この産業建造物の保存利用プロジェクトでは、新たな利用法の発見が最大のテーマとなった。このテーマに沿った現実的な対応として、完全保存と完全取り壊しの二者択一ではなく、あらゆる保存の可能性を探る姿勢が求められた。

この現実的な取り扱いについて、2つの方向性が指摘できる。1つは、保存すべき建造物群の部分であっても残せるのであれば残すという方向。もう1つは、

図118 関税同盟第12立坑の戦前の航空写真
(出典：Bauhütte 文献2)

図119 関税同盟第12立坑の巻揚げ櫓

オリジナルに対する忠実な保存を絶対条件としないという方向である。共通していえることは、保存物件を使って直接的にでも間接的にでも、とにかく経済行為に結びつけて考えることが求められるようになったのである。

(2) 産業建造物の保存利用の成果

産業建造物の保存利用としてIBAプロジェクトに登録されたのは7事業で、IBA期間中に2億マルクの公共投資がなされた。

全体公共投資額に占める割合は7%に止まっているが、同様の保存利用は他のテーマ領域で数多く実行されている。特に「公園の中で働く」のテーマ・プロジェクトで、大規模工場の再利用が数多く実施されている。そこでの公共投資額は除かれているので、公共投資額だけでこのテーマグループのプロジェクトの成果を図るのは妥当ではない。

幅広い考え方による産業建造物の保存利用の可能性を示した意義は、地域に止まらず国際的にも大きいといえる。

(3) 個別プロジェクトの概要

① 関税同盟第12立坑の保存利用

プロジェクトグループ全体に対する2億マルクの公共投資の内、約60%が関税同盟第12立坑に当てられている。このことからも、このプロジェクトにかけるエッセン市、NRW州、IBA公社の意気込みが理解できる。

関税同盟第12立坑と呼ばれる採炭施設は、1930年にエッセン市北部に分散していた関税同盟の採炭施設を統合する

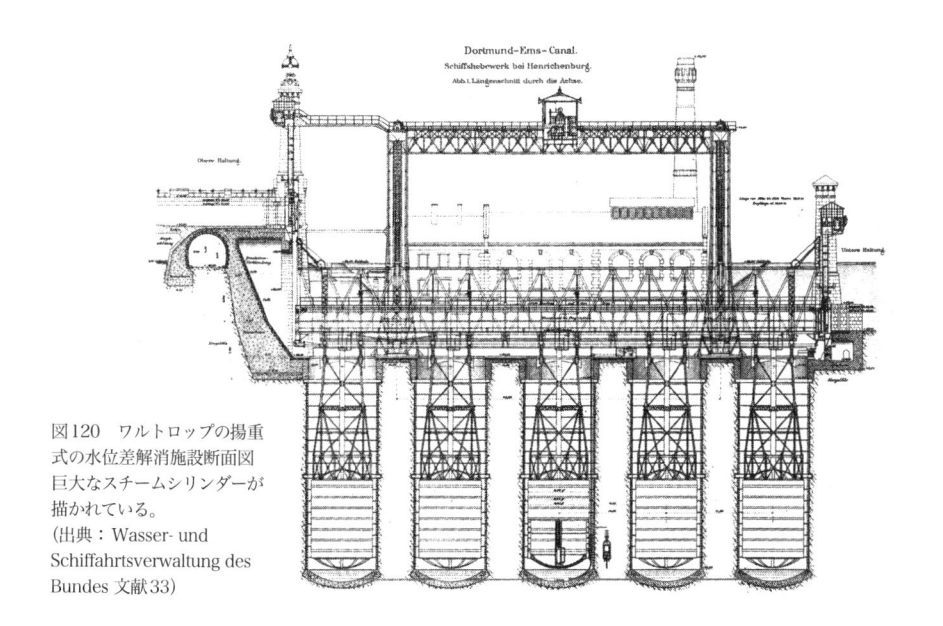

図120 ワルトロップの揚重式の水位差解消施設断面図
巨大なスチームシリンダーが描かれている。
(出典：Wasser- und Schiffahrtsverwaltung des Bundes 文献33)

目的でつくられた施設で、開設当時は世界最大かつ最新の採炭施設だった。この施設群はバウハウス建築の流れをくむ優れた意匠を持ち、その後の産業建築に影響を与えたといわれている。

この施設も1986年に閉鎖され、その後の扱いが議論されることになった。その結果、全施設の改修、保全、再利用を計画・実施するために、1989年にエッセン市と州開発公社によって「バウヒュッテ」と呼ばれる公社が設立された。

27haの広大な敷地に20もの建造物群を保存利用しようとするこのプロジェクトは、州の土地ファンド制度による買い上げによって可能となった。また、このプロジェクト全体は欧州連合、連邦、州、エッセン市の資金で賄われている。

IBA期間の終了までに、ビジター・センター、工房、オフィス、外構緑地そしてN.フォスターの改修設計によるデザイン博物館などが完成している。また、このプロジェクトの修復、改造工事の一部はエッセン市の雇用創出プログラムに組み込まれて、長期失業者に対する建設工事の職業訓練の場を提供していた。

IBAエムシャーパークの個々のプロジェクトの大半は、IBAの期間中に完成しているが、未完成のものも少なくない。このような意味では、エムシャー水系の自然再生事業とこの関税同盟第12立坑の保全・再利用事業が未完成事業の代表例といえる。

これらの事業は途中で終わったわけではなく、IBAが終了した後も継続されている。

図121 展示場として保存利用される
オーバーハウゼンのガスタンク

図122 産業文化の道のサイン
オーバーハウゼンのガスタンク前に置かれたもの。同種の
ものが産業文化に関わる場所に置かれている

②ワルトロップ閘門パーク

　ライン・ヘルネ運河とドルトムント・エムス運河の分岐点に、14mの水位差を克服するための施設が設けられている。1899年に最初に設けられた施設は、船が入る全長16mのプールを上下させるもので、産業遺産として価値が高い。

　その後航行する船舶の大型化と、航行数の増加に伴い、1914年には水門の開閉により水位差を解消するロック式の施設が増設された。現在は1962年建造の揚重式のものと、1989年建造のロック式のものが稼動している。また1899年建造の揚重式の施設は、補修工事が行なわれ、ヴェストファーレン産業博物館が管理を始めていた。

　このような経緯で、この運河沿いの一帯には新旧4つの水位差解消施設が点在していた。IBA エムシャーパークの産業建造物の保存利用プロジェクトではこの付近一帯を、緑の帯の中で生きた産業史を体験できる空間として充実させることを促進した。具体的には、1990年以後、使用されなくなった1914年建造のロック式の施設の保存と周辺の歩行者ネットワークの強化等がワルトロップ市、ミュンスター船舶航行監督事務所及び、ヴェストファーレン産業博物館の手で実施された。

　実際に稼動している港湾エリアにおいて、産業建造物が保存され、公園的に市民開放される例はめずらしい。この事例は、1つの理想的な産業建造物の保存利用のあり方を示している。

図123 地区文化センターとして保存利用されるミニステルシュタイン炭鉱厚生施設
(出典：IBA Emscher Park 文献12)

③オーバーハウゼンのガスタンク

1929年にオーバーハウゼン鉄工所に高炉関連施設として高さ117m、直径68mのガスタンクが完成した。これは当時、ヨーロッパ最大で、地域のランドマークとして定着していた。戦後、火災で大きな損傷を受けたが、完全な形で復元されていた。

1988年にこの地域を代表するガスタンクも稼動が打ち切られ、その後「取り壊すか、保存か」の議論が続いた。結局、展示場としての再利用が決まり1994年に「火と炎」という企画展でオープンを飾った。

④その他の産業建造物

他に4つのプロジェクトが産業建造物の保存利用のプロジェクトグループに登録されている。

ドルトムント市のミニステルシュタイン炭鉱福利厚生施設（1992年完成）は地区文化センターとして、またデュイスブルク市の屋内プール（1910年完成）は内陸航行博物館としてそれぞれ使われている。

エッセン市のヘレネ炭鉱管理棟は市民活動センターとして、同様にレックリングハウゼン市のVEW変電所（1928年完成）はエネルギー歴史博物館と科学図書館として使われている。

第3章　IBAプロジェクトの狙いと成果

4. 公園の中で働く

(1)「公園の中で働く」の狙い

州政府は1980年代から産業遊休地を取得し、土地の改良を行った後、自治体等に譲渡する土地ファンド事業を実施していた。その多くの土地は公園や緑地のための土地として譲渡されたが、財政的観点からは、住宅用地、公共公益施設用地及び、産業用地として使われることが望まれていた。また、雇用や地域経済の観点からも新しい付加価値型の産業の場を創出することが求められた。

こうした状況から、多くのエムシャー沿川自治体は、交通条件の良い産業遊休地について、産業用地として取得することを州に要請することになった。このような経緯で生まれた産業用地を中心に再開発するのが「公園の中で働く」のプロジェクトである。

この地域では、産業用地として使える土地は充分すぎるほどあったが、付加価値型の産業が拠点を構えるのに必要な魅力が全体的に乏しかった。このため、ＩＢＡエムシャーパークのテーマとして、「公園の中で働く」を取り上げ、産業用地再開発における、立地環境の魅力づくりを推進した。

①プランニングの戦略

プランニングについて工夫を行い、ランドスケープの向上を図るということで

図124（左）　デュイスブルク内陸港再開発基本計画競技設計のN.フォスターの1等案（出典：Stadt Duisburg 文献30）
図125（上）　ヘルテン未来センター再開発基本計画競技設計のクラムとストリグルの1等案（出典：IBA Emscher Park 文献15）

は、まず周辺との連続性を確保し、プロジェクト地区においてオープンスペースを十分に確保することを誘導した。

　次に、可能な限り競技設計により計画コンセプトを選定することにより、地区計画の質向上を図ることを誘導している。またあわせて、利用や魅力に関する相乗効果を高めるために、住宅、公共公益施設及び、文化施設を内包させるなどの複合用途を誘導した。

②設計誘導の戦略
　具体の設計の質の向上については、建築設計の段階において、建築主の官民を問わずガイドラインに基づいて建築の高い質の達成を働きかけた。また、生態的環境についての配慮を要請したが、これについては建築ばかりでなく、土地整備や地区施設整備に対しても行った。

③完成後をにらんだ戦略
　完成後をにらんだ質の向上としては、公共交通機関との調整を行って、過度に車に依存しない立地条件獲得が試みられた。また、新たな産業地区の管理について、参入企業のお互いの協調・共同関係構築を誘導し、管理会社等による一元的な管理による管理・運営の質の向上を提案した。

(2)「公園の中で働く」の成果
　「公園の中で働く」のテーマでは、23プロジェクトが大規模な工場跡地を中心に実現している。そして、これに対して10年

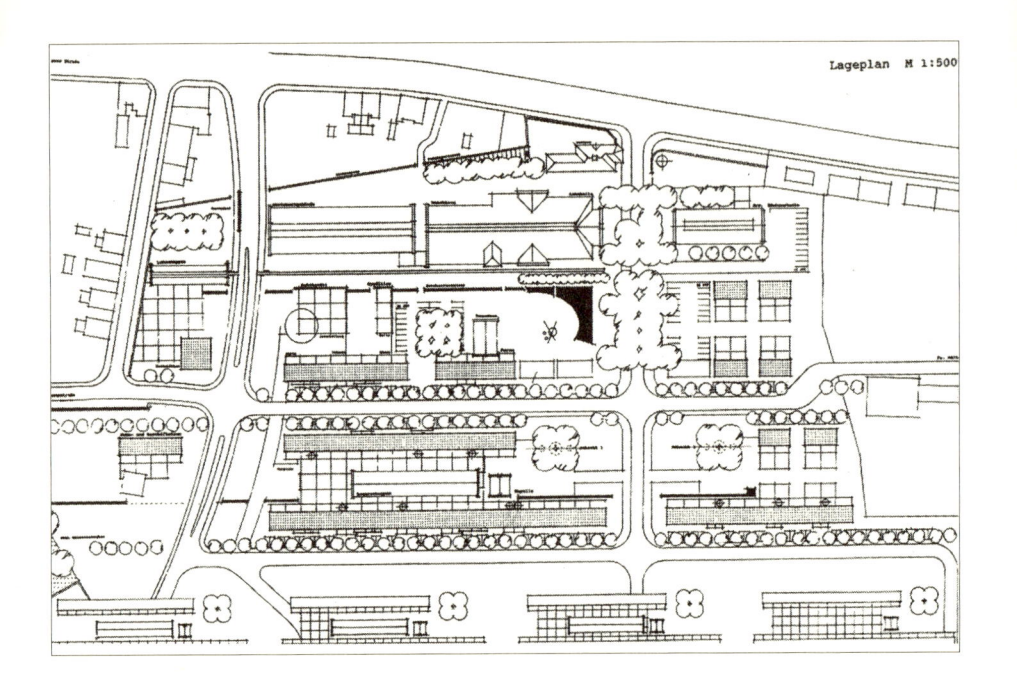

間で投下された公共資金は、ＩＢＡエムシャーパーク・プロジェクト全体の44％に当たる13.5億マルクであった。これらの数字から、「公園の中で働く」プロジェクトを重要視していたことがわかる。

1999年時点では500haの産業遊休地が再び産業施設の立地に役立てられ、2,000人分の職を創出することになった。このことが、政策評価としてＩＢＡエムシャーパークが成功プロジェクトといわれる所以である。

1999年のＩＢＡ公社が発行したプロジェクトカタログは、マーケティングの成功の理由として以下のことを挙げている。

先端的な業務において、近隣と協力関係が持てること。企業イメージ、製品イメージを高めるのに優れた周辺環境が役立つこと。そして企業従業員のための社会環境が整っていること。

また、地域の内在的な産業テーマとして「生態環境志向」や「環境技術志向」を打ち出し、この系統での産業集積を果たしたことで、産業立地イメージ改善に貢献した。

公共セクターの関与ということでは、産業遊休地の再開発の実施のほかに、公的資金を使った起業センターや職業訓練場の設置を行った。こうしたことにより、内発的な起業を促進し、あわせて失業者などの能力向上に努めた。

また、公設の研究開発や検査のための機関を積極的に誘致し、特に「生態環境」や「環境技術」を志向する産業ネットワーク形成のための布石を打つことに

図126（左） アレンベルク・フォルトゼッツンク炭坑跡地の再開発基本計画提案競技設計1等案（出典：IBA Emscher Park 文献8）
図127（上） ホランド炭鉱跡地の産業パーク　改修された炭鉱賃金ホール。

努めた。

できあがった産業パークが関与する経済循環のスケールは、エッセンの手工芸パークのように地域的スケールのものから、デュイスブルクの内陸港ビジネスパークのように国際スケールのものまでと多様である。

(3) 都市計画上の意味

産業パークは地域計画の1つの目的ではあるが、地域の生活空間全体のために役立つことは少ない。

これに対して、IBAエムシャーパークの産業パークでは以下の点で、地域の生活空間づくりに貢献している。

産業パークは産業遊休地から生まれたという意味で兄弟に当たるランドスケープパークとつながることによって、地域のランドスケープ再生に貢献した。こうした中で、残された産業建造物に新産業のシェルターとしての役割を与えることにより、産業建造物の保存利用にも貢献している。

さらに、この産業パークは、住宅地に隣接する就労の場を含む地区センターづくりに大いに貢献することになった。

こうした明確な都市計画的な位置付けを背景に、民間の建設投資家に対してデザイン・ガイドブックが配られた。そして建設投資家の賛同の下で、都市計画的、建築的に質の高い空間が地区のセンターで確保されることになった。

図128 オーバーハウゼンの環境保護技術センター

図129 ラインエルベ学術研究パークの共用スペース　冬場は床に太陽熱を蓄熱し省エネルギーに寄与する

(4) 個別プロジェクトの概要
① ホランド炭鉱跡地の産業パーク

　ホランド炭鉱跡地22haは、州土地ファンド制度活用により州開発公社が取得、整地を行い、ボッフム市と共同で「生態環境的な産業パーク」と住宅地の整備を行った。特に、炭鉱管理棟を利用するエコ織物研究所は、繊維・衣料産業の非化学化と環境適合化に関する先端的な技術開発を行っている。

　このプロジェクトでは産業遺産として価値の高い炭鉱関連施設部分を、改修して利用できるようにした。

② アレンベルク・フォルトゼッツンク起業センター

　アレンベルク・フォルトゼッツンク炭鉱は1930年に閉鎖され60年間遊休地として放置されていた。この敷地13haを土地ファンド制度を活用して州開発公社が買い取り、ボットロップ市と共同で産業パークの整備を行った。

　産業遺産として価値のある旧賃金ホールを改修して、ボットロップ市中小企業振興センターとして活用できるようにしている。この中小企業振興センターは先端技術に携わる新規事業者に対し、政策賃料で床を提供する機能を持った。

　またこの施設の一角に、職場創出と自助グループに情報提供を行う州公社事務所が入っている。この事務所は敷地内の旧鍛金工場を使って、女性の雇用促進・技能向上プロジェクトを実施した。

図130 ラインエルベ学術研究パークの外観

③デュイスブルク内陸港の産業パーク

デュイスブルク市の旧製粉所、穀物倉庫を含むデュイスブルク内陸港地区における多機能サービス産業パーク開発では２段階の国際事業計画競技設計が実施された。N・フォスターを中心とする共同チームが優秀賞となり、この案をマスタープランとしながら、運河の南側の整備がＩＢＡの期間に進んだ。

この地域では国際的な建設投資や、企業誘致を視野に入れて現在も開発が続けられている。

④環境保護技術センター

旧テュッセン社旧ゲストハウス（1917年建造）の外観復元と内部改造及び、これに近接した施設の新築がオーバーハウゼン市の手で実施された。この２棟で11,500m²の賃貸フロアが環境の解析、計画、技術に関する官民の研究所向けに確保されている。ここではNRW州土壌保護センターとフラウンホッファー社環境技術・安全技術研究所が大口の利用者となっている。

⑤ラインエルベ学術研究パーク

テュッセン鋳鋼工場及び、ラインエルベ炭鉱跡地30haは学術研究パークとして州開発公社とゲルゼンキルヒェン市によって整備された。ＮＲＷ州学術センターの「労働・技術研究所」が中心的な施設となっている。この建物は、典型的な生態環境的建築となっている。

第3章 IBAプロジェクトの狙いと成果 83

5. 住まいとまちづくり

(1) 住まいとまちづくりの狙い

「住まいとまちづくり」のテーマ・プロジェクトは、1988年に設定された「テーマ6 新しい住まい方と住まい」と「テーマ7 社会福祉、文化、健康増進のための新しい可能性」に対応するプロジェクトから構成されている。

形になったプロジェクトを見ると、基本的には住宅系プロジェクトと地区整備系プロジェクトから構成されている。

①住宅系プロジェクトの狙い

1990年代にエムシャー川流域では産業遊休地などを使った2,500戸の新規住宅供給と、3,000戸の概ね戦前からの古い住宅団地の更新が予定されていた。これらを地域の構造転換に沿ったものに調整していくのが、住宅系プロジェクトの狙いであった。

住宅系プロジェクトに求められたIBAプロジェクトとしての性格は、概ね「建築や外構に関するデザインの質と生態環境的な質」「ランドスケープパークの緑と産業遊休地を利用する新規住宅のオープンスペースの相互補完関係」「コミュニティへの配慮」である。

②地区整備系プロジェクトの狙い

ルール地域の市街地は、エムシャー川流域とヘルベックと呼ばれるルール川流

図131（左）　住宅更新事業後のシュンゲルベルク団地（更新前はp.55図80の写真を参照）
図132（上）　シュンゲルベルク団地の住宅更新事業の中で住民参加で計画された中庭

域の一帯に広がっていて、その面的広がりにおいてはドイツ随一である。この市街地は約20の自治体にまたがり、部分的に緑地、農地、産業遊休地などで分断される、モザイク状のいわゆる連鎖型市街地となっている。また南側のルール川流域では、たとえばエッセン旧市街地のように明らかに中心だとわかる地区もいくつか存在するが、北側のエムシャー川流域には、こうした中心形成が遅れていた。

こうした状況に対して地区整備系のIBAプロジェクトは、産業の衰退に伴い不安定になっているコミュニティ（地域的社会構成）を立て直すことを目標としながら、中心市街地やコミュニティ拠点を形成させようとしている。その背景には、市街地拡大の時代が終わったことを市街地の質向上の好機ととらえようとする考え方があった。

(2) プロジェクトの成果

54のプロジェクトが実施され、全体の33％に当たる1億マルクの公共投資がなされた。住宅系プロジェクトが17で公共投資規模4,500万マルク、地区整備系プロジェクトが54で5,500万マルクだった。

①住宅系プロジェクトの成果

住宅系プロジェクトの最大の成果は、概ね20世紀への転換期から第2次大戦までに建てられた労働者住宅3,000戸を、建替えではなく改修により原型を活かしながら住宅と周辺環境の質向上を図ったこ

第3章　IBAプロジェクトの狙いと成果　85

とである。あまり知られていないが、田園都市型の住宅地はルール地域に数多く建設されており、そして現存している。この地域資産を顕在化させた意義は大きい。

また、新規の住宅地建設も含めて、生態環境の改善に関する実験的取り組みが多くなされ、特に雨水の地下浸透の推進は「エムシャー水系の自然再生」の条件に対して可能性を示すことができた。同様に住宅地建設全般において、低層、低密で外構が豊かな田園都市の性格を継承している。

②地区整備系プロジェクトの成果
　ケルン・ミンデン線の駅舎と駅前広場の整備に関して3プロジェクトが実施されたが、これは公共交通の魅力を高め、あわせて地区中心を明確にする意味で効果があった。また、それほど大きくない産業建造物などを使ったコミュニティ拠点づくりについても10プロジェクトが実施され形を残している。また、面的な中心地区の整備に取り組んだものも8プロジェクトある。

(3) プロジェクトの概要
①田園都市型労働者住宅地の更新
　ゲルゼンキルヒェン市のシュンゲルベルク団地、ボットロップ市のウェルハイム団地、ヘルネ市のトイトブルギア団地などの労働者住宅地の更新事業がIBAプロジェクトとして実施された。対象となる住宅団地は歴史的な意味のある建造物群である。このことから、外形を保ち

図133（左上）　プロスパー第3炭坑跡地の複合開発地
図134（左下）　キュッパーブッシュの家具工場跡地の住宅地
屋根に降った雨水が樋からカスケードとなって庭に流れ落ち広場で地下浸透するようになっている。
図135（上）　モンセニス炭坑跡地の州研修センター

ながら、内装、外装、設備などを中心に念入りに修繕され、現代的な住宅へとよみがえらせている。

　これらのプロジェクトにおいては、近隣コミュニティ形成への配慮をしながら計画作成がなされ、庭の管理やゴミ保管などの計画も並行して住民間で決められた。また、エムシャー水系の自然再生の実現との関係で、雨水の地下浸透に取り組んだプロジェクトもある。

②産業遊休地などを活用した住宅地建設
　産業遊休地を活用し、100から200戸の集合住宅地の新築プロジェクトは、ボットロップ市のプロスパー第3炭鉱跡地やゲルゼンキルヒェン市のキュッパーブッシュなどで実施された。

　これらは、既存市街地やランドスケープパークとの関係付けといった都市計画的な面での配慮と共に、住みやすさの追求や省エネ、省資源への配慮がなされた。

③今後の社会構成をにらんだ
　モデル住宅建設
　高齢者や母子家庭などを対象とする30戸程度の集合住宅新築プロジェクトにおける実験住宅がＩＢＡプロジェクトとして建設された。これらは、新たな社会的要請に関連付けながら計画されたもので、特に、居住者の計画参加が行われた。レックリングハウゼン市の母子家庭住宅やベルクカメン市の女性の計画・建設による住宅などが、これに属する。

図136 旧エッセン地区の地区フォーラムとして保存利用されるカール炭坑機械棟
(出典：IBA Emscher Park 文献14)

④持家型のＤＩＹ住宅

　公的促進住宅の新たなタイプとして、持ち家型のドゥーイットユアセルフ住宅プロジェクトが、ベルクカメン市をはじめとする7つの市で実施された。

　これは、低所得者が増大した余暇時間を活用し、大工や職人の役を果たすことで、建設コストを削減し、家を所有できるようにするものだ。

⑤中心地区の形成

　中心地区の形成に関しては、ベルクカメン市中心地区やレックリングハウゼン市ズッド地区で総合的な整備が行われた。またデュイスブルク市では、ライン川沿いのルールオルト歴史地区の再整備やマルクスロー地区の参加型の整備が行われ、ゲルゼンキルヒェン市ではビスマルク・ノルト地区の地区整備が行われた。一方、ヘルネ市のモンセニス炭坑跡地では先進的な生態的建築技術を用いた州職員研修センターが建築されたが、これにあわせて民間資本による商業・業務施設が建設され、新しい中心地が形成された。

⑥産業建造物等を使った
　コミュニティ拠点形成

　エッセン市では、関税同盟第4第11立坑の1908年に建造された検査施設を改造してエスニック音楽センターにしたり、カール炭鉱の機械棟を改修して地区フォーラムにするプロジェクトが実施された。

第4章 サスティナブルな地域のビジョン、計画、スタンダード

　4章では、エムシャーパークのプロジェクトの目標となっているサスティナブルな開発の考え方を表す原稿を、編集する。

　内容は、全体像を表す「サスティナブルな地域開発とは」、サスティナブルな土地利用計画に関する「産業遊休地利用によるランドスケープパークの実現」、サスティナブルな地域への転換のためのIBAに関する「成長なき時代のドイツのIBA」である。

図137　ルール地域の中にエムシャーパークの範囲とエムシャー・ランドスケープパークを図示した図（出典：IBA Emscher Park 文献12）

1. サスティナブルな地域開発とは

　ここではＩＢＡエムシャーパークのプロジェクト実施を理論面で支えた「サスティナブルな地域開発の考え方」について述べる。このために、文献24 [注1] に初出したＫ・ガンザーのドルトムント大学での講演原稿を編集使用する。

注1：
文献24
Kurth,Scheuvens,
*Laboratorium
Emscher Park*

(1) サスティナブルな地域開発の条件

　サスティナブルな地域開発の実行は、「地球規模で考え、地域で行動する」ということだが、具体的には、地元の主体組織を束ねて、地域の開発目標を共有することが前提となる。

　オープンスペースと緑地を活用した構造転換プロジェクトを成功させるには、地域の視点が必要である。地元の主体組織毎のプロジェクトは、えてしてばらばらに動くものである。したがって、ＩＢＡエムシャーパークにおいては多数のプロジェクトが同時に、共通目標を持って実施されることを重視した。

　特に広域レベルでのフレーム設定は、重要である。地域開発を望むそれぞれの地元は、空間資源が限られていることを考慮しないで、施設建設や施設利用に対して過大要求を出しがちである。これが開発面積、建築規模、都市インフラのそれぞれについて、過剰な開発を推し進めることになる。

　ＩＢＡエムシャーパークの準備は、地域の構造変革に際して、エコロジー的な基盤を形成しながら文化的な環境も育てるという目標をもって1988年にスタートした。生態環境の基盤づくりとは、土地利用、建築利用、そして水利用を循環利用システムに組みかえることである。

　デュイスブルクからベルクカメンにいたるエムシャー地域17自治体に展開する、総数100を超える総額50億マルク [注2] をかけたプロジェクトを概観すれば、誰もがこの事業が成功だったと思うだろう。

注2：
公共投資30億マルク、
民間投資20億マルク

　しかしＩＢＡプロジェクトとは、ルール地域の一部での計画と建設の活動に過ぎず、この部分を外れるとサスティナブルな地域発展につながらない開発がさまざまな形で行われていたのである。

（2）中心部開発の二重性

　先進国の大規模都市圏の周辺部にはまとまりのない散漫な市街地が形成されていて、大抵は環境と経済の両面で問題となっている。これらは個別の経済活動としてはプラスであっても、地域全体で見るとマイナスになっている。従って、中心市街地の再開発に地域開発政策の重点を置き、周辺部の開発はやめるべきなのである。

　住民数も職場も減少傾向にあるルール地域で、小さくなった需要を未だに大きいつもりで扱うのは、よくないことである。ＩＢＡエムシャーパークでも中心市街地の整備に真剣に取り組んだが、そこには２つの意味がある。１つは市街地の中心に建設投資を集約するという考え方。もう１つはＩＢＡエムシャーパークの新しい試みとして出てきた市街地の中心に大規模公園をつくるという考え方である。

　鉱工業の衰退により多数の産業用地が、利用目的を失ったので、これを実現することができた。他の人口密集地域でこうした目標を掲げた事例はない。こうした方法が可能であることを示したのが、おそらくＩＢＡエムシャーパークの果たした地域政策上の最大の貢献だろう。

（3）成長なき構造転換

　失業率が極めて高い地域では、ことさらに成長の証を求める。それはどんな成長であってもかまわないというほどだ。生態環境、社会、文化の各面での影響など意にも解さないのである。経済面の関わりすら考慮しないこともある。量的拡大という意味での成長に向けた多大な努力は不成功に終わり、立地条件としては環境の質を損なう結果にもなった。したがって、停滞気味の地域人口と減少する職場数という条件下では、質の向上による変革が課題になるのである。いわば「成長なき変革」といってよい図式なのだ。ＩＢＡエムシャーパークでは、10年にわたって、「クオリティ向上がコスト負担を招き、投資の障害となる」と考える人達に対して、そうではないことを理解させる努力をしてきたのである。

図138（上）　エリン炭鉱跡地のランドスケープ構築物
中程度以下の汚染土はランドスケープ構築物として現地保管を図っている。丘のような形状になっており、その上を人が歩けるようになっている。
図139（左）　第3プロスパー炭鉱跡地の表層の汚染土を剥がして敷地の中央に集めているところ
図140（右）　同跡地の再開発住宅に近接する緑化されたランドスケープ構築物

(4) 再生利用の経済

　ここでの「成長なき変革」は、産業遊休地に土地の再生利用の経済概念を持ち込むことで達成されている。ＩＢＡエムシャーパークの諸プロジェクトは、そのどれもが「リサイクル用地(注3)」と関係付けられている。そうすることによって、これ以上「開発済みの土地」が「手付かずの土地」に対して増加しないようにしたのである。環境面でのメリットについてはいうまでもない。経済面でも、リサイクル用地には膨大なインフラストラクチャーが最初から備わっていて、これを新たに整備する必要がないのである。
　さらに、再生利用の経済は建物にも持ち込まれた。住宅やオフィスあるいは工業施設がすでに充足しているので、新しい建物を増やしても無駄である。このためＩＢＡエムシャーパークでは、既存の産業施設などのスペースを再生利用しようとする需要を優先させた。これには以下の3つのメリットがあった。
・用途転換に必要な改修工事は新築工事に比べて結局安い

注3：
エムシャーパークでは、州の土地ファンド制度で取得された産業遊休地を「リサイクル用地」または「構造転換用地」と呼んでいた。

・既存建物の継続利用はエネルギーと資源のトータルコストに関して新築のエコ・ビルディングより有利
・その上、産業社会時代の歴史のひとこまを後世に残せる

またIBAエムシャーパークでは、雨水を下水に流さず降雨場所で地面に浸み込ませて流出を遅らせることを推進している。これによって地域の地下水の形成に役立て、小さな単位での水循環を達成させようとしているのである。この地域は1km²当り2,000人もの高い居住密度であり、自然の水系が広域的に改造されてきたので、飲料水は遠隔地から引き込み、排水は遠くまで持っていく構造になっている。工業地帯の形成過程で進めてきたこうした「非自然化」を「再自然化」することも、大規模人口密集地域における再生利用の経済にとって重要なことである。

(5) 従来と異なるプランニングの条件

比較的短い年月で、包括的課題に取り組むには、通常とは異ったプランニング原則を当てはめざるをえない。通常なら、詳細な土地利用計画をつくり、それに応じたプログラムを整えてプロジェクト段階に進む。こうしたプランニング原則の場合、プランの複雑さから政治的合意が困難となる。あまりにも多くの問題を初期段階で扱うからだ。

これに対してIBAエムシャーパークでは、プランニング段階ではあまり条件を付けず、比較的簡単な戦略を設定するに止めた。つまり「調整余地」を残すよう努めたのである。そうすることで、プログラムとプロジェクトの段階で飛躍できるようにし、実行可能なプロジェクトの組み立てが可能になった。この「計画ではなくプロジェクトを」あるいは「プログラムではなく戦略を」という、通常と違うプランニング条件について少し説明が必要である。

この20年にわたって、連邦から各州へ、さらに広域から各自治体へという、各レベル毎の全体計画と個別計画が作成されてきた。政策領域すべてに関わる体系的なプランニングが行われてきた結果、この国には「計画の山」が形成され、もはや意味のあるものを入れ込む隙もない状況なのだ。むしろ大事なのは、こうした重

苦しい計画の与条件に新しいプロジェクトを合わせるだけではなく、支援できるような、あるいは育めるような「抜け道」を探すことである。これによって革新的なプロジェクトが、既成の基準によって骨抜きにさせられないようにするのである。これは「計画はプロジェクトから学ぶ」ということで、各計画とその背後にある官僚主義の中で「継続的例外措置」を講ずることなのである。

図141　モンセニス炭坑跡地の州研修センターと地区コミュニティセンター
屋上一面に太陽光発電パネルが置かれている。(Ganser提供)

(6)「外からのもの」と「競争」

　政治においても、行政や同業組合の中でも、いつもじっと机に向い、方法を変更せずにものごとを慎重に進めるのが普通だ。こうした体制を壊して新しい方式や考え方を取り入れようとすれば、「外からのもの」と「競争」の必要性をあえて表明しなければならない。

　ＩＢＡエムシャーパークでは個々のプロジェクトの開発に際して「競争（コンペティション）」を取り入れた。これにより、じっと座っているところに突然「余所者」が襲いかかるという事態になる。今までは「余所者」だとされてきたものを急に本気で考慮しなければならなくなるのである。建築主と建築家の関係も流動的なものとなった。ＩＢＡプロジェクトでは「余所者」の参加を可能にするように呼びかけたのである。今までにないアイディアに驚かされたり、いわゆる基準が問われたりして、よりよい解決策が得られたのである。これは、政治の世界や行政の分野、あるいは大企業、さらには建築家や各種技術者に対しても影響を及ぼした。

　総数60を越えるコンペティションに参加してくれた多数のプランナーと建築家と、審査委員の方々には大変感謝している。

(7) 財政面の条件

　プランニングの仕組みが整っても法制と財務面の条件が揃わなければ、「サスティナブルでない開発」を乗り越える「リサイクル用地の活用」も競争力を持ち得ない。これに関して次の２つの仕組みが設けられた。

　1979年のルール地域会議の際に採択された発展計画ですでに発展の道筋を示す仕組みが登場している。50億マルクの州の資金を当てた「土地ファンド」がそれである。民間市場では流通しないことから、適切な新規用途が見つからない工場跡地などを、この基金を使って取得できるようになった。この仕組みによって、ＩＢＡエムシャーパークが始まる前から広大で有用な「リサイクル用地」がリザーブされ、投機目的以外の新規利用が可能になっていた。そして、この土地の50％以上を「ランドスケープパーク」

の整備に利用できたのである。「土地ファンド」により投機圧力を免れたリサイクル用地の利用には、想像以上のメリットがあった。建築競技設計や緑地計画競技設計で決まるプロジェクトでは、経済性よりは環境の質を優先させて計画し実施することができたのである。

また、水システムに関する再生利用の経済への転換については、「制度の組合せ」が不可欠だった。これは改正された州の雨水浸透義務と、下水と雨水排水の料金分割である。これによって、地域毎の雨水の浸透と保水状況に合わせて雨水排水料金を決められるようになった。

(8) おわりに

ルール地域は150年にわたって環境に負担をかけながら発展してきた。第2次大戦後だけでも以前と同面積の開発が行われた。人口の伸びが1950年代には頂点に達したのだが、開発面積だけが倍増した。脱鉱工業化の結果、ルール地方では住民が減少し、職場の数が減っていった。このプロセスはいまだに終ってはいない。NRW州の統計局は2015年には人口が450万人に減ると予測している(注4)。

いつになれば安定期に入るのかが今のところ読めない。ある地域がもはや成長しないとすれば、サスティナブルな地域の発展に向けその土地利用の矛盾を解決しなければならない。

ルール地域には「無限の成長」が無いにも関わらず、成長自体が「立地条件のよさ」を損ね続けてきた。遅かれ早かれ「意に反した」低レベルでの安定状況が生まれると考えられる。このように考えると「持続可能な地域の発展」にとっての理論的回答は今のところ存在しないことになる。合理的な検討を順次進める中から回答を導き出すか、あるいは、徹底的な環境破壊段階の後に多大な費用をかけて「修繕」を行うのか、という選択だけである。そしてルール地域の場合は、後者なのである。

とはいえ、ここで興味深くも面白いのは、著名な経済学者がすでに1884年に独自の見識で「無限の成長」に関して警鐘を鳴らしていることである。

注4：
ルール地域の人口動向
1872　0.9
1905　2.9
1912　3.4
1928　4.3
1943　3.3
1955　6.2
1992　5.2
2015　4.5（予測）
　　　（単位：100万人）

ものごとを自然にまかせられない世界を想像するのは決して心地よいことではない。この世界で経済と人口が限りなく成長し、地上から貧困がなくなることについて、私は失われる自然に感謝する。しかし、以前に比べて豊かとも幸福ともいえず、ただ単により多くの人々が生活できるだけならば、私は、今後の世界について、必要不可欠なものに限った安定的状況で満足すべきだと考えるし、そうなることを期待する。[注5]

注5：
J.S.ミル『政治経済学原理』1884年より引用

2. 産業遊休地利用によるランドスケープパークの実現

　ここでは、エムシャーパークのサスティナブルな地域開発に空間計画的ビジョンを与えたエムシャー・ランドスケープパークの考え方について述べる。このために前節と同様に文献24に初出したM・シュバルツェ・ロドリアンの講演原稿を編集使用する。

(1) はじめに

　ルール川とエムシャー川に挟まれた石炭・鉄鉱地域は、ライン・ヘルネ運河に沿って壮大な幅と長さをもつ地域である。そしてこの地域では、炭鉱や鉱山、製鉄所などの巨大な産業施設が景観を構成している。煙突から煙が立ち昇り、炭坑の巻揚げ櫓がガタガタと音をたて、ボタ山には埃が満ち、高炉からの排気ガスは毒に満ち、蒸気機関のハンマーと鍛造ハンマーが騒音を撒き散らしている。つまり、懸命な仕事の場所というわけである。町は近代化の過程で連坦して大都市を形成するようになり、もはや緑地や農耕地は存在しない。

　自然緑地は概ね破壊されてしまったが、それでもこの地域には今もなおランドスケープとしての美しさが残っている。この地域は全体が2つの圏域に分かれ、1つの圏域はこれまでの経験から考えて、高額な資金を準備すれば、今後、地域で必要になる緑地を回復できるところである。そしてもう1つの圏域は、全く緑地

図142　R.シュミットの似顔絵と『ライン右岸開発計画』1912年の表紙（出典：Projekt Ruhr 文献29）

注6：
R.シュミット、『ライン右岸開発計画』1912年から引用

回復が不可能なところである。(注6)

(2) ランドスケープパークづくりの出発点

　エムシャー・ランドスケープパークは1990年代初めから、以下の条件に従ってルール地域の中央部で実施されたものである。

・現実の都市、産業、土地利用の状況の認識と相互関係を踏まえて、将来ビジョンを持つこと
・この地域の近未来に対応する、過去をひきずるランドスケープの持つ美しさとクオリティ、ポテンシャルを踏まえること
・醜悪さやさまざまな制約条件、あるいは土地に課せられた「負の遺産」や自然環境の分断などを十分に認識すること
・200万人の人々が人口集中地域の中心部に居住し、都市のランドスケープをそれぞれ全く異なる形で認識し利用していること
・17の自治体と多数の関連組織、利用者、所有者の間では、ランドスケープの管理義務が分担されてきたが、その開発・発展に関しては誰も責任を感じて来なかったこと
・この産業とランドスケープを「文化的ビジョン」につくり換える開発構想が必要なこと。この「文化的ビジョン」とは、ルール地域のランドスケープの美しさ、エコロジー、社会的クオリティを含めたものと解釈すること
・ヨーロッパにおける地域間競争の中で、ルール地域が将来も競争力を維持していくには、どのようなランドスケープ的資質に戦略的な意義を持たせるべきかを、構造政策や経済政策から判断すること
・地域を統合するランドスケープパークの整備が、実現可能だという確信を持つこと
・プロジェクト推進における協働とコミュニケーションを、原則的にオープンにすること
・地域を公園的な景観概念で再編成するこのビジョンを、関係諸組織やパートナーなどと共有し、エムシャー・ランドスケープパークと個別プロジェクトの実施に当たって継続的に協働すること

第4章　サスティナブルな地域のビジョン、計画、スタンダード

(3) 広域緑地の将来ビジョン―伝統をもつビジョン

　地域を公園のようにするというビジョンは、ルール地域で長い伝統がある。これは、ロベルト・シュミット[注7]がそのビジョンを提示するために、1912年に地域の同僚達と協議したことに始まる。これは、米国にいる都市開発のコンセプト・プランナーとの情報交換に基づいていた。こうしたコンセプトとしてよく知られるのはニューヨークのセントラルパークだが、当時すでに都市の緑地不足問題に取り組むには、その視座を拡大することが必要とされていた。つまり「緑地問題」は都市・地域開発における戦略的に重要な基本課題と認識されるようになっていたのである。

注7：
ロベルト・シュミットは、1920年に設立されたルール石炭地域連合の総裁となった。

(4) ランドスケープパークの3つのレベル

①広域緑地＝エムシャー・ランドスケープパーク

　エムシャー・ランドスケープパークという広域緑地は、ライン河畔のデュイスブルク市からヴェストファーレン地方のベルクカメン市までの東西約70km、約300km^{2}を対象に計画化されている。そして、さまざまな地域プロジェクトを内包し、この人口密集地域のランドスケープに新たな質を持たせ、相互に関連する広域緑地を形成するのである。エムシャー・ランドスケープパークは、ＩＢＡエムシャーパークのプログラム名であると同時に地域名でもある。また、地域の17自治体に残っているランドスケープを相互につなぐ1つのシステムである。

　このように「オープンスペースのすべてを地域的に結合させること」、「広域緑地構想の質の基準と開発目標を明確化すること」、そして「エムシャー水系の自然再生の事業主体であるエムシャー排水組合との長期的な共同作業を実施すること」が、エムシャー・ランドスケープパークの第1のレベルを構成している。

②帯状緑地＝緑の帯 A－G

　壮大な全体プロジェクトを実状に即して取り扱うには、地元の主体的参加が不可欠である。地元の人々の土地への想いが、実際の景観アイデンティティを醸成するのに必要なのである。

　こうしたことから、対象となる広域緑地をAからGまでの7つ

の帯状緑地に分割することになった。鉱工業開発に際してルール地域の諸都市が南北方向に発展する中で、そこに残されたオープンスペースがこの帯状緑地である。それはいわば中間エリアであり、その中に自治体の境界が走っている。都市の中心部から見れば、それはそれぞれの都市の外縁である。他方、広域緑地の観点から見れば、この部分が拠点となるのである。

つまり、残されたランドスケープと今回計画する帯状緑地が新たな広域緑地構造と文化的ランドスケープの拠点となり、また出発点となるのである。上記の帯状緑地については、共同で整備計画を策定している。つまり、それぞれの地元で協議してプロジェクトと対策を選択したのである。そうすることで、地元における広域緑地整備に関する課題も明白になった。

③個別プロジェクト

エムシャー・ランドスケープパークは多数の個別対策とプロジェクトによって具体化されている。これは、地域を「パーク化」する作業の中でも最も実際的で、それゆえに最も興味深い個別プロジェクトの段階である。そこでは色々なオープンスペースとランドスケープ要素が、ランドスケープ・デザインやビオトープ管理、あるいは芸術行為の観点から計画され、相互にその質を高めている。また、地元の条件、環境の現状、ポテンシャル、そして周辺や将来の発展の可能性などを勘案して、それぞれのプロジェクトの目標を設定している。

先行検討された「産業建造物」を取り上げ、生態環境上の意義も尊重し、新たなランドスケープづくりでの「美的なクオリティ」を考慮して利用することにした。そして、個々の立地条件と取り組みの変革が、全体として都市的ランドスケープの変革を促すようにした。

すでに実施したものと計画中のものを問わず、この第3レベルのプロジェクトでは次の事が重要だった。

鉱工業地帯としてこれまで軽視されてきた地域のランドスケープの中から「文化的ランドスケープ」を生み出すこと。つまり、個別の土地、個別のプロジェクトにおいて「文化的ランドスケープ」

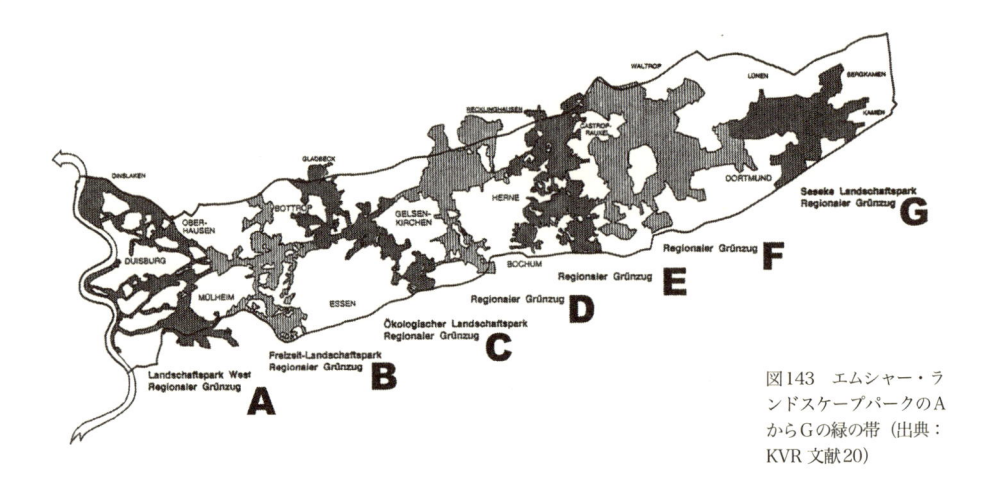

図143 エムシャー・ランドスケープパークのAからGの緑の帯（出典：KVR 文献20）

を実現しながら、同時に地域の「オープンスペース」全体においてもこれを実現すること。そうすることで、都市的ランドスケープに表象されていた「無能と軽視」が「責任と持続性」に変わったのである。

(5) 協働作業と同時並行の作業

　エムシャー・ランドスケープパークづくりにおける3つのレベルでの協働作業を正しく理解するには、この3つのレベルが同時に、また同等の力を持って、相互に並行して開発・実施されたことを理解しなければならない。地域ごとの戦略と、既に建設されたプロジェクトの検証が同時に行われることが、エムシャー・ランドスケープパーク開発での大きな強みだった。この地域で毎日のように進行している「土地利用」の変革ないし構造変革の中では、繰り返される戦略と成果の見直し作業がプロジェクト全体の「競争力」の元になっていた。

(6) 多様なランドスケープ - 具体化に当たってのクオリティ基準

　エムシャー・ランドスケープパークの景観や環境は人口密集地域と同様に多様で幅広いものである。この多様性を強調することと、全体に一貫性を与えることが、極めて重要なことだった。エムシャー・ランドスケープパークは、全体として非常に多様に展開

され、次のような要素のパッチワークとなった。すなわち、各々のオープンスペースは多様な形状を持ち、人の手の入った自然的な土地、原野や原生林、公園施設などから構成されているのである。決定的に重要なのは、できる限り「開かれた協議」を重ね、できる限り本来の姿で個別のプロジェクトを実施し、その上でプロジェクト全体に対する各地域の機能的な結合と一体性を確保することである。エムシャー・ランドスケープパークが完成すると、個別プロジェクトには何千もの人々が訪れ、多様なマスメディアの反響を巻き起こした。多くの小規模な個別プロジェクトをつなぐ散策路をめぐらすことで、都市ランドスケープの生態環境的な質を向上させ、日常生活の活力と魅力を増大させることができた。

(7) 広域緑地戦略に対応する戦術

　エムシャー・ランドスケープパークは常に「重層的」であり、さらには多くの場合、「多義的」である。人口密集地域における未来指向のランドスケープ開発と新たな産業地域の整備を成功させるため、つまり土地を機能的に利用し、新たに生態環境的で美的な質を広げていくためには何よりもこれらのことが必要だった。エムシャー・ランドスケープパーク開発の戦術は以下のとおりである。
・現実の「再開発」への「新しさ」の導入
・長期計画と当面の具体策の統合
・個別プロジェクトの検証と、「構想されたモデル」における「位置付け」確認
・地域全体としての「連続性」とプロジェクト毎の「多様性」との調和
・恐れることなく「実験」を行い「積極的に介入」するプロジェクト推進のポリシー

　都会的なランドスケープ開発に参画するには、革新、つまり未知の領域に足を踏み出すという先取りの気性と、介入や干渉を常に受けとめる姿勢が必要となる。この道を進むには、プロジェクト提案とディスカッション能力が伴っていて、プロジェクトの企画・開発、プロジェクトの推進の際にオープンな対話ができることが必

要である。そして、説得力のある「司会進行と仕切り」の能力がなければならない。利害関係者をまとめるために特に必要なのは、現実把握能力と共通の目標をわかりやすく表現できるコミュニケーション能力である。

(8) 広域緑地開発開始のタイミング

　ルール地域の中心部は、100年以上もの間一方的に産業の刻印を受け続けている。利用し尽くされ老朽化した産業地帯のランドスケープは、決して容易な作業領域ではない。また、市街地を対象とするという点で、ランドスケープデザインは通常適切な手段とはみなされていない。ランドスケープデザインの伝統的モデルは、都市の風景や産業の風景を取り込むようになっていないのである。

　1980年代には、エムシャー・ランドスケープパークというものが意味する「新たな始まり」について、ルール地域の内外を問わず、誰も期待はしていなかった。産業遊休地の開発や保全の伝統的で規範となる戦略は、それをさかのぼる何十年もの間、ほとんどどこでも成果の出ないままであったし、ルール地域では政治的にも実施できないとみなされてきた。ランドスケープと「環境の質」はこの地域に存在しえないということが、長期にわたって社会的コンセンサスとなっていたのである。例えば、全地域にわたる環境政策上の柱である「生物生息地マッピング」や、あるいは拘束力のある「環境基準」など今までにない試みや、経験主義に裏付けられた「環境コンセプト」は希望が持たれた。しかし、これも満たされることのないままになっていたのである。ルール地域でプランニングに従事するさまざまな関連組織は、60年代と70年代のプランニングへの「熱狂」が、この時期にはすっかり冷めてしまっていたのである。80年代末という時期は、モデル・プロジェクトの導入に重点をおいた戦略を導入するには、それなりに都合のよい時期だったといえる。

　経済発展が停滞した状況下で継続的構造変革を推進するという機会は、土地開発の新たなコンセプトを具体的に、また政治的に議論する時間を与えてくれた。

　また、土地利用に対する需要よりも、土地が「空洞化」する動

きの方が大きいため、将来の構造転換に利用できる遊休地を市街地内で確保できるようになっていた。この構造転換用地について議論できるというチャンスに対して、ＩＢＡエムシャーパークでは「成長なき変革」という概念を打ち出したのである。

　10年間というのは、この人口密集地域での構造転換にとって、短すぎる期間である。「植えられた苗木としてのコンセプト」は、未だに樹齢が若いために、その育成と政治的保護を必要としている。しかしこの90年代という時期は、エムシャー・ランドスケープパーク構築のために集中的に利用することのできた期間であり、これにより都市ランドスケープと産業ランドスケープを生み出すことができた。そして、新たな余暇生活の場が住民向けに創造され、都市的ランドスケープはアーティストの創造の空間として提供できるようになった。さらには、地域をパーク化しようとするプロジェクトは今や国内外を問わず、また専門家だけでなく一般観光客にとっても、魅力のある場所を提供している。

　このプロジェクトを受け入れる姿勢があって、土地・経済・政治上の枠組条件が揃っていたこととも相まって、エムシャー・ランドスケープパークの構築作業は継続された。継続的な地域の担い手の組織化も進み、今日では地方政治に馴染んだものになっている。

(9) 独自性と汎用性

　エムシャー・ランドスケープパークは、ルール地域の中心部に「広域的な公園・緑地」を構築する戦略であり、個々のプロジェクトの特徴をカバーするものである。この特徴には、非常に特殊な枠組条件があった。構造転換、土地の空洞化、構造政策上の利害という歴史的にも地理的にも他に例を見ない状況があった。州、自治体連合、自治体の各政治レベルや主体者個人などが特殊に入り混じった状態でもある。

　しかし、プロジェクト開発に参加した人間にとって差し当たりここだけのものと見えたものも、回顧してみれば、他の人口密集地域におけるランドスケープの諸問題や開発チャンスと比べて、それほど特殊というわけではなかったのである。

　選択された協働の形態やコミュニケーションのチャンネル、あ

るいはプロジェクト立脚型のマネージメント技術、そして政治戦略といったものの多くは、地域のランドスケープ開発に取り組むには、まさに不可欠なのである。

エムシャー・ランドスケープパークのプロジェクト戦略のエッセンスは、どちらかといえば月並みなものかもしれない。課題の解決に必要な「オープンさ」と「プロらしさ」が展開され、必要な財源を確保するということだ。

これが正しいとすれば、プロジェクトの継続的な発展に必要な事項と、他の産業地域や人口密集地域との情報交換の基礎が残されたされたことになる。それぞれの地域の独自性と個別性を認めたとしても、人口密集地域の各々における現象と計画実施のポテンシャルは、多くの場合相互に酷似しているといってよいだろう。他の産業地域においても、都市の真ん中に旧鉄道用地を抱えていることが多い。この産業利用されていた土地が大規模に「空洞化」し、他の地域でも文化や生態環境に対して責任のある総合的な土地管理の新たな道が求められ、さまざまなチャレンジが進んでいるのである。

このプロジェクトと同様に長年にわたり並行して進められた他の地域での様々な経験をここで参照しなければならないだろう。それは例えば、フランクフルト市内外の緑の帯と地域公園のプロジェクト、シュツットガルト市の広域緑地プロジェクト、ベルリン市周縁におけるベルリン州とブランデンブルク州が共同で実施する広域緑地プロジェクトなどである。国外でいえば、カナダのトロント・ウォーターフロントプロジェクトの経験、イタリアのパルコ・ミラノで採用された戦略、米国におけるブラウンフィールド・プログラムによって実行されている多数のプロジェクトを一例として挙げておきたい。

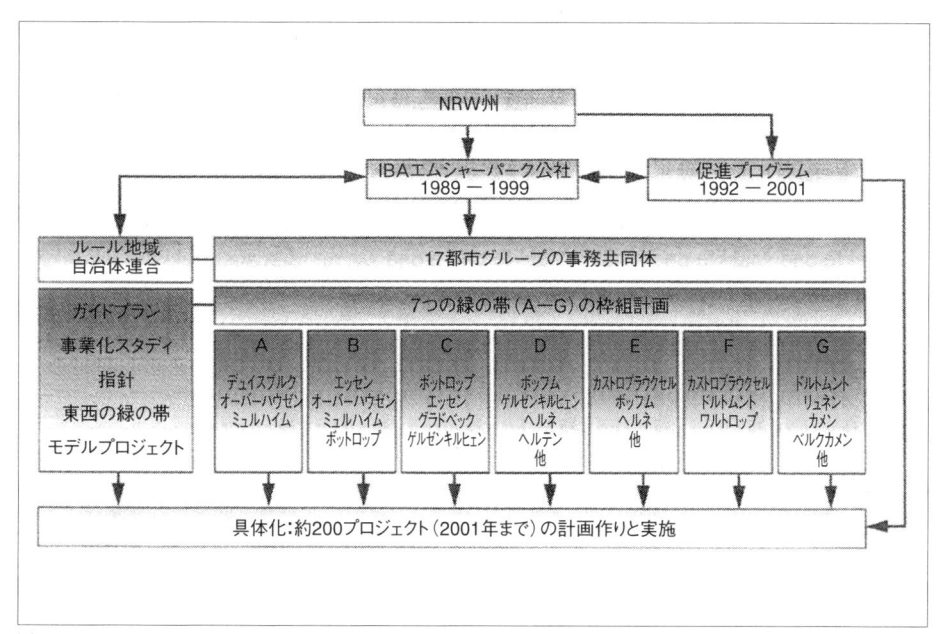

```
                            ┌─────────────┐
                            │   NRW州      │
                            └──────┬──────┘
                  ┌────────────────┼────────────────┐
                  │                ▼                ▼
                  │      ┌──────────────────┐  ┌──────────────┐
                  │      │IBAエムシャーパーク公社│◄─│促進プログラム  │
                  │      │  1989 ─ 1999      │  │ 1992 ─ 2001  │
                  │      └──────────────────┘  └──────────────┘
                  ▼
```

ルール地域自治体連合	17都市グループの事務共同体

| ガイドプラン | 7つの緑の帯（A-G）の枠組計画 |

	A	B	C	D	E	F	G
事業化スタディ 指針 東西の緑の帯 モデルプロジェクト	デュイスブルク オーバーハウゼン ミュルハイム	エッセン オーバーハウゼン ミュルハイム ボットロップ	ボットロップ エッセン グラドベック ゲルゼンキルヒェン	ボッフム ゲルゼンキルヒェン ヘルテン 他	カストロプラウクセル ボッフム ヘルネ 他	カストロプラウクセル ドルトムント ワルトロップ	ドルトムント リュネン カメン ベルクカメン 他

具体化：約200プロジェクト（2001年まで）の計画作りと実施

図144 エムシャー・ランドスケープパークの実施体制ダイアグラム（出典：Kurth 文献24）

3. 成長なき時代のドイツのIBA

　ここでは、1970年代以降にドイツで実施された4つのIBAを取り上げて、都市が成長を終えた時代における個々のIBAの特徴と全体としての傾向を述べる。この節は本書のためにK・ガンガーが書下ろしたものである。

(1) 4つのIBAとドイツの人口動向
①4つのIBA

図145　IBA（国際建築展）対象地位置図

　IBAは1900年以来ドイツで実施されてきたが、国家社会主義の台頭と第2次大戦で中断した。その後、戦後復興期の1950年にベルリン市で再び、「インターフォーラム」という名のIBAが実施されている。
　19世紀半ばから始まった急激な工業化（近代化）にともなう都市の成長は、戦後になってその終わりを迎えることになった。4つ

のＩＢＡは、このような時期に発生する都市計画的な社会問題に、応えようとしたものだ。

　ベルリン1977－1987、エムシャーパーク1988－1999、ラオジッツ2000－2010、ハンブルク2005－2013の4つのＩＢＡは、既成市街地の再構築という都市スケールの課題に取り組んでいるという点で共通していて、これらは、「現状の都市建築の中で建設する」という現実的な課題を扱っているのである。

　ＩＢＡによって、都市の既存建築に関する新たな道筋と指標を見つけ出し、モデルを建設して見せる。もはやこれ以上成長しない経済社会では、こうした取り組みが必要なのである。

②ドイツの人口動向

　1970年代の半ばには西側ドイツの人口は長期的な安定段階に入った。出生率は1.36 (注8) まで低下したままの状況で、さらに死亡数は出生数を超えている。この人口の自然減少は、不安定な外国人の社会増加によって補われている。

　東西の壁が崩壊した後の西側ドイツでは、1990年代に一時的に著しい人口流入があったが、現在は1990年以前の停滞状況に戻っている。(注9)

　2020年と2050年の公的な人口予測では、急激な高齢化とともにドイツの人口が徐々に減少を続けることになっている。しかし、これは今日の出生率1.36が2050年まで据え置かれ、かつ外国から毎年20万人の人口流入が続くと仮定した楽観的予測であり、現実には急激な人口減少の時代に入ると考えられる。

　こうした状況では、「既存の都市建築の変換」が都市計画と建築の中心課題になるだろう。停滞する人口動態と経済動向は、新築と減築の関係を緊密なものにするだろう。こうした中、地域構造を生態環境的でサスティナブルなものとし、加えて文化的なものにするためには、都市計画と建築に対して高い質を求めることが必要とされるのである。

　一般世論においても政策判断においても、人口減少は「破局」だと考えられている。しかし、高密度に開発された地域に住む人間が減るということは、環境負荷を大いに抑制し、社会を適正化

注8：
2005年ドイツの合計特殊出生率の推計値。同様の日本の数値は1.26。

注9：
西側ドイツの人口動向
1950　47.8万人
1960　55.4万人
1970　60.6万人
1974　62.0万人
1980　61.5万人
1988　61.5万人
2000　67.1万人
2003　65.6万人
(出所：連邦国土計画庁資料)

し、加えてより多くの文化性を獲得するチャンスでもある。このような背景を持ちながら4つのＩＢＡは、異なった地域的展開の中で賢明なチャレンジ例を示している。

(2) 4つのＩＢＡ
①ＩＢＡベルリン1977－1987
　ＩＢＡベルリンにおける新規建設地区は、かつての壁に沿ったテーゲルからクロイツベルクに至る長手方向13kmの帯状の地区である。ここには25億マルクの投資規模の住宅建設を中心とした約180のプロジェクトが企画された。この新規建設地区の公式コンセプトは、「都市の批判的再構築」であった。
　当時「ポストモダン」は、世界各国で見られる建築様式だった。この一般的な建築様式を地域の歴史に結びつけることにより、唯一性を獲得するというコンセプトをベルリン新規建設ＩＢＡのトップのＨ・Ｐ・クライフースは公表した。
　またベルリン新規建設ＩＢＡには、資金計画を比較可能にして社会住宅供給における住宅の質を高めるという財政目的があった。
　では、何が残されたのか。

図146　ベルリンIBA（国際建築展）の位置図（出典：Senat Berlin 文献32）

ポストモダンは過去のものとなったが、それでも今日ベルリンを通り抜けると、10年間に建築されたその時代の「建築作品」の光景を見ることができる。

　また建築主がプロジェクトに対して競技設計を実施し、1つの機構が権威を持ってその質を見守ることにより、必要以上の資金投入をせずに高い質を確保したことも知られている。

　「都市更新ＩＢＡ」は、「新規建設ＩＢＡ」と並行して都市更新の歴史に1ページを加えることになった。ちょうどその頃ベルリンでは、住宅供給会社の過剰な関心が都市更新の補助金に寄せられており、H・W・ヘマー率いる「都市更新ＩＢＡ」は、この都市更新の置かれた状況に転換をもたらそうとしていた。

　都市更新ＩＢＡが打ち立てた「周到な都市更新のための10原則」は、ベルリン市の考え方を転換させ、さらには当時の西ドイツ全土にも影響を与えた。

　皮膚の色、民族を問わず居住者の経済的、社会的、文化的関心を優先する建築物の更新。「外からの決定」に対する「自己決定」。制度上の住民参加に止まらない、住民と利用者の自助活動の誘発。「外部からの経済的関心」や「見かけとして優れた建築提案」による混乱ではなく、住民の不十分な経済的条件や文化・デザインに関する固有性を飲み込める基準。「周到な都市更新」とは、このような考え方であった。

　ともかくベルリンにおける新規建設ＩＢＡと都市更新ＩＢＡの共通の成果は、都市建築文化に関して高い水準を残したことである。そしてまた、このベルリンＩＢＡがなければ、おそらく1990年に始まったドイツの統一首都を目指す「転換」はなかっただろう。統一ドイツの首都になるための経済発展と都市開発の議論が「ベルリン都市フォーラム(注10)」においてなされた。そこで個別の利害に左右されずに目標に関する合意が図られたが、ＩＢＡがこの下地をつくっていたのである。また統一首都を目指すことにまつわる周知作業とベルリン州政府の方針変更がなければ、統一首都を目指すベルリンに対する「投資家の攻撃」を抑制できなかったかもしれない。

　ＩＢＡベルリンの最大の功績は、ベルリン市に止まらずドイツ

注10：
ベルリン都市フォーラムは、政治団体や行政組織から独立した市民団体。市民自由参加のフォーラムで都市開発について審議し提案をまとめた。専門家や政治家も市役所に対して、この提言に耳を傾けるよう求めた。

図147 テーゲル地区の新築IBA区域（Ganser提供）

図148 ベルリン科学センターの新築（Ganser提供）

図149 クロイツベルクの住宅街区の更新の従前と従後（Ganser提供）

全土及び、ヨーロッパの数多くの都市における市民の建築文化への関心を高めたことである。

② ＩＢＡエムシャーパーク1988－1999

　ベルリンのＩＢＡに続いて、ノルトライン・ヴェストファーレン州はＩＢＡエムシャーパークの準備に取り組んだ。

　同州ルール地域の構造変革プログラムは満足な成果を挙げていなかったので、「立地条件改善のためのプログラム」によって建て直しを図る必要があった。高い質に関する基準と公共的関心をこの生活空間改善に関するプログラムに付け加えるために、ＩＢＡのレッテルがプログラムに貼られることになった。

　プログラムの対象地は、西端のデュイスブルク市から東端のベルクカメン市にかけてのエムシャー沿川に広がる東西70km、面積800km²、人口200万人の地域である。ＩＢＡエムシャーパークと呼ばれるこのプログラムに、17の自治体が参画した。

　このエムシャー沿川はルール地域の一部で、ヘルベックと呼ばれる南側の地域に比べて時代的に遅れて、暴力的な工業化に見舞われた。前近代の都市構造がないまま、中心のない絨毯のような市街地が出現したが、そこでは石炭と鉄鋼に関係する産業施設と流入する労働者のための住宅地が混在していた。

　この市街地が1870年から1950年にかけて急速に拡大したように、20世紀後半の職場の閉鎖と人口の流出を伴なう脱工業化も激しいものだった。この中で、産業目的で使われた広大な土地が遊

図150　エムシャー・ランドスケープパークとプロジェクト位置図
(出典：IBA Emscher Park 文献14)

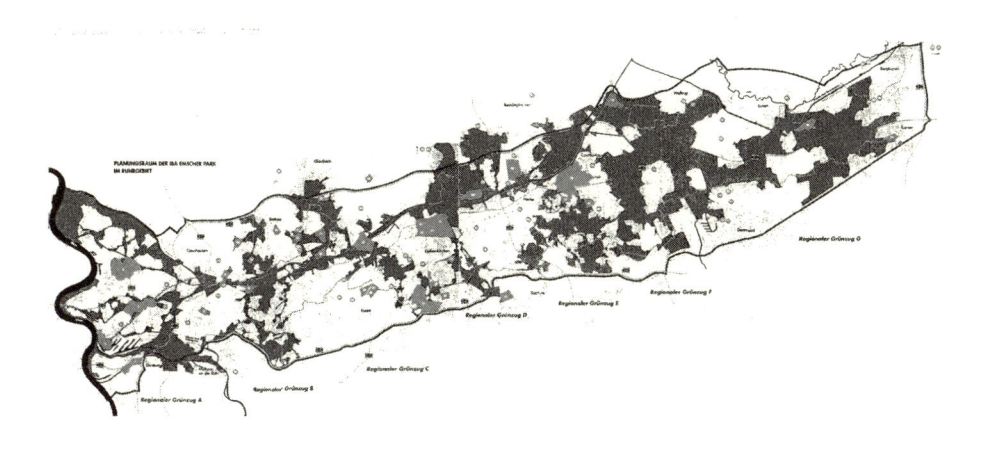

第4章　サスティナブルな地域のビジョン、計画、スタンダード　113

休化したため、ここを使うための新たな目的を探すことが必要になった。

　ルール地域、とりわけエムシャー沿川の交通インフラ、教育施設、労働力、高い人口密度、消費量といった地域開発条件は、他地域と比較して何の遜色もなかった。このため、ＩＢＡエムシャーパークのプログラムは、生態環境の質と都市空間の質の問題に絞り込まれた。

　そして、このＩＢＡはエムシャー沿川に「生態系の基盤と文化的な顔」を与えようとした。生態系の基盤の根本としてランドスケープを再構築することにちなんで、このＩＢＡに「エムシャーパーク」という名称が冠せられたのである。

　10年の期間の後1999年にＩＢＡエムシャーパークは17の市域に分散する約120の建築と都市開発の成果を残して終幕した。全体の投資規模は約50億マルクに達し、その内の3分の2が公共投資で、残りの3分の1が民間投資だった。

　そして、何が残ったのか。

　ルール地域とりわけエムシャー沿川は、10年間のＩＢＡの中で自分達の価値判断のもとに自己変革を遂げた。「失われた地域」は、偉大な産業の歴史に対する誇りを取り戻すことに成功した。そしてさらにポスト工業化時代における地域経済発展に向けた新たな道筋を見出し、そして、そのことを表明した。また、この地域は力強い開発が自然に対立するものではなく、むしろ自然の基礎の上に達成されるべきものであることを学んだ。特にこの地域の歴史的建造物と今日的な優れた建築が持つ「文化的な顔」は、転換した地域の価値観を外部に見せつけることになった。その価値観とは、「我々は敬意と好奇心を持って再び産炭地域を見つめる」ということである。

　地域経済の観点から注目されたのは、このＩＢＡによって「サスティナブルな地域開発」に関する有効な計画手法が示されたことである。つまり、このＩＢＡで一般に参考にすべきことは、ハードの成果よりもむしろソフトの開発手法なのである。

③ＩＢＡラオジッツ2000－2010

　東西ドイツの統合に伴い、東側ドイツでは計画経済体制が資本主義経済体制に短時間で置き換わった。これにより、1990年までのエネルギー産業を含む産業構造が壊滅することになった。

　ラオジッツ市はライプチッヒの北、ブランデンブルク州の東側に位置し、中部ヨーロッパ最大の褐炭産地だった。鉱脈が地表近くにあり、露天掘りによる採掘が可能だった。現在、経済的、政治的な「転換」に直面し、かつて広範囲に行われた採掘が成立しなくなってしまっている。

　一般に採掘終了後の開削された巨大な窪地は、次の開削地からの排出土などで埋め戻される。この採掘と埋め戻しのシステムは突然の採掘取り止めによって破綻し、多くの埋め戻されない巨大な窪地が残されてしまった。

　こうした中で、従来の土地復元手法に代わるものとして、連邦政府予算からの助成金を使って露天掘り跡地に水を注ぐ手法を導入することになった。排水ポンプの停止後地下水の上昇には20年から30年かかるため、ランドスケープの回復への近道として外からの流水導入（注11）が選択されたのである。

　これは目的に照らして、表流水だけを導入するものである。とり

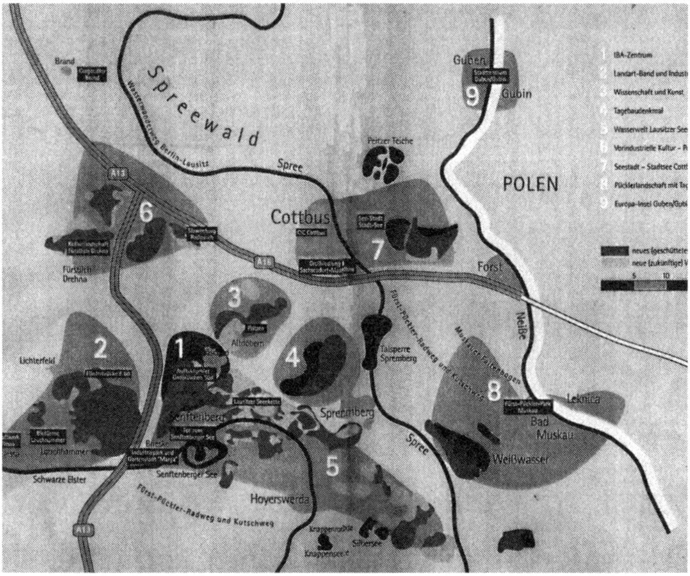

注11：
露天掘り跡の窪地への河川からの引水は、魅力的な人造湖が早期に生まれるよう実施されている。

図151　IBAラオジッツのプロジェクト位置図（Ganser提供）

第4章　サスティナブルな地域のビジョン、計画、スタンダード　115

わけ乾燥した急斜面に水を流すと、流れに沿って地形が平坦なものになり、水位上昇に伴う滑落を軽減できる。これにより、以前からの従業員が広大な庭園で1、2年の間、職に就くことができるようになった。

地質学的時間経過でのランドスケープ回復と比較して、掘削機を使った回復は費用がかかり、自然からほど遠く造形的にも陳腐である。ともかく、新たなランドスケープを見い出すには一方で「露天掘りに関する文化的背景がわかるように保全すること」が必要で、また他方で、「新しい文化景観を生み出し、21世紀の公園の意義を発見すること」も必要なのである。

このために「ＩＢＡラオジッツ2010」が行われることになったのである。19世紀にコットブス近傍のブラニッツ公園やオーデル河畔のムスカウア公園(注12)で際立った文化景観をつくり上げた偉大な造園家フュルスト・ピュックラーにちなんで、この建築展は「ＩＢＡフュルスト・ピュックラー」とも呼ばれている。このＩＢＡでは、露天掘り跡のランドスケープ回復の提案と実行に向けたデザインコンセプトが過去の露天掘りの景観との明確な対比の中で打ち立てられようとしている。

注12：
ムスカウア公園はムザコフスキー公園と共に2004年に世界遺産に登録されている。

どの程度このＩＢＡが成功するかは、掘削機による人造湖整備の月並みな土木工事を、いかに高い目標設定で文化的に消化させられるかにかかっている。

ともかくラオジッツにある5つの大きな露天掘り跡地は、フュルスト・ピュックラーの造園史の考え方に基づいて「新たな文化景観」につくりかえることになっており、その「ランドスケープ島」と呼ばれるコンセプトは、魅力的である。これは、一般的な公園よりも格段に大きなランドスケープ・パークで、個々の露天掘りに関係する1,000haを超えるエリアを計画対象としている。

④ＩＢＡハンブルク2005－2013

最近、ハンブルク市は2013年に国際庭園博と関係付けてＩＢＡを開催することを決定した。市は2つの大きなイベントにより「エルベ川の飛躍」と呼ばれる都市開発を進めようとしている。

北エルベ川と南エルベ川の間の広大な中州地帯は、道路、港湾

図152　ラオジッツの露天採掘跡地の自然再生（Ganser提供）

図153　かつてのラオジッツにおける露天採掘（Ganser提供）

ドック、貨物鉄道、堤防、防音壁、港湾施設、産業施設、住宅地が無計画に混在し、ただ荒っぽく利用されてきた。その中に混ざって近年、全く異なったランドスケープの断片が見られるようになった。

　ことの起こりはルール地域のエムシャー沿川に似ていて、以下のプログラムが双方に見られる。
・島状に孤立したランドスケープの自然回復とそのネットワーク
・住環境質（クオリティ）の底上げ
・旧港湾用地から付加価値の高いビジネス用地への転換
・巨大なインフラ施設の意図的なデザイン
　とはいえ、ハンブルク市のプログラムはＩＢＡエムシャーパークと比べて、はるかに国際化の時代を意識している。これは、ハ

第4章　サスティナブルな地域のビジョン、計画、スタンダード　117

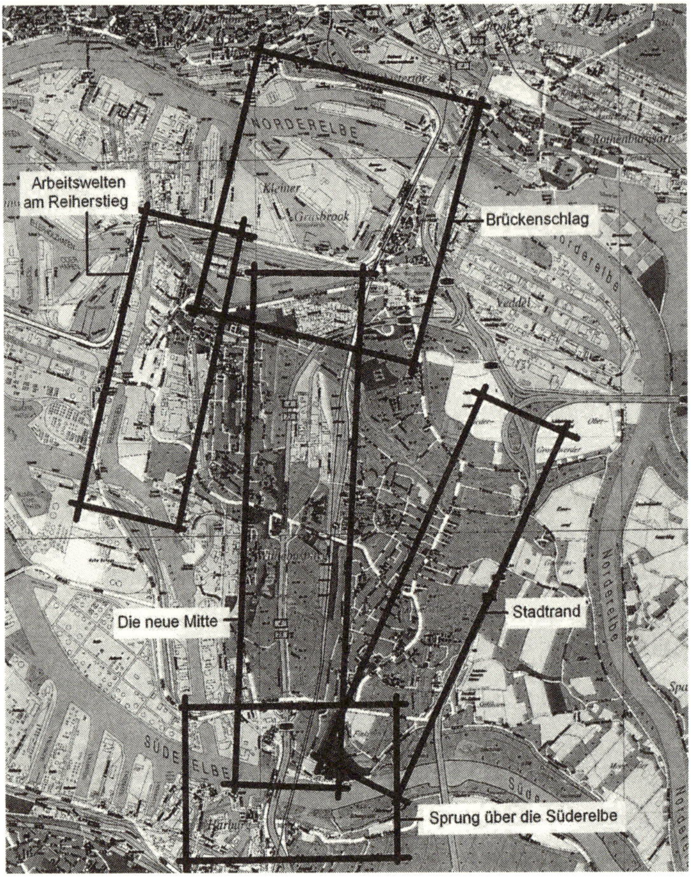

図154　IBAハンブルク2013計画対象区域図（Ganser提供）

ンブルクがもともとドイツの中では最も「国際化の空気を感じとる鼻」を持つ都市だからであろう。

　将来のハンブルク市では、より多くの外国人が一時的に居住するものと予想されている。また、これと並行して、定住者も住み続けることになろう。そこで「国際的に流動する人々がどのような形で家に住まい、わが町を見出していくのか」という課題に対する答えが求められるのである。

　この計画の中心は、国際庭園博覧会の会場として整備され公開される市中心部の広大なランドスケープパークで、「緑のランドスケープを21世紀の中心市街地に回帰させること」が中心コンセプトである。

（3）エムシャーパークに代表される1977年以降のＩＢＡの特徴

　1977年以降の4つのドイツのＩＢＡの共通点は、「既存の都市地域の転換」に関わっていることである。これは工業化の進展に伴って都市地域が拡大成長した時代の次の時代に一貫して現われる課題であろう。

　ＩＢＡエムシャーパーク1988－1999では、それまでの建築展が建築を優先的に取り上げたのと異なり、必ずしも建築用地を建築展の中心には置いてはいない。

　ルール地域の中央の、必要とされなくなった旧鉱工業用地とこれまで開発から免れていた緑地のパッチワークのような土地で、地片と地片を、また個々のプロジェクトとプロジェクトをパズルのように組み合わせて「エムシャーパーク」をつむぎだす。このことの基礎をＩＢＡエムシャーパークがつくり上げた。これは、10年間でエムシャーパークの考え方を都市計画として、政治決着として、また住民の気持ちとして整理する仕事だった。現在、新しい「エムシャー・ランドスケープパーク・マスタープラン」[注13]が策定され、ルール地域は2050年ごろまでこの仕事に関わることになっている。

注13：
マスタープラン・エムシャー・ランドスケープパーク2010が2006年に関係20自治体とNRW州に承認されている。

　一方ラオジッツのＩＢＡは、ランドスケープだけに関わっている。これは露天掘り跡の自然回復に際して生態的、文化的に優れた目標像を探そうとするもので、今日実践される月並みな自然回復に対する優れた代替案を生み出そうとしている。

　ＩＢＡハンブルク2013は、中心市街地からエルベ川の向かい側の「新市街地の新しい中心」を意味ある形でデザインしてランドスケープパークにするものだ。

　他に類を見ないＩＢＡエムシャーパークの成果ということでは、生態的基準と文化的基準を使って全体で約120の建設プロジェクトを一貫して「サスティナブルな地域開発」に仕立てたことを挙げる必要がある。

　土地と資源を節約するような建設方法も、エムシャーパークで提示されたが、これは1970年以降のＩＢＡの普遍的な性格であ

第4章　サスティナブルな地域のビジョン、計画、スタンダード　119

る。その他に新たに生み出された評価軸としては、今と結びつきを持った産業建造物の保存と新たな文化的解釈を挙げる必要がある。

　このＩＢＡでは生態的次元と文化的次元を一体的に扱うことにより、エムシャー沿川とこれを含むルール地域全体を「住民が偉大な産業の歴史に誇りを持てるようなところ」、つまりサスティナブルな地域につくり変えることに成功している。

　地域にアイデンティティと唯一性を与えること。これがグローバル化社会における都市や建築の文化的役割であろう。

第5章 現在も進む、ルール地域の構造転換

　5章では、エムシャーパーク期間に生み出され、現在も進展しているプロジェクトを報告し、あわせて、現在から過去を振り返る形でルール地域の構造転換とエムシャーパークの関係を整理する。

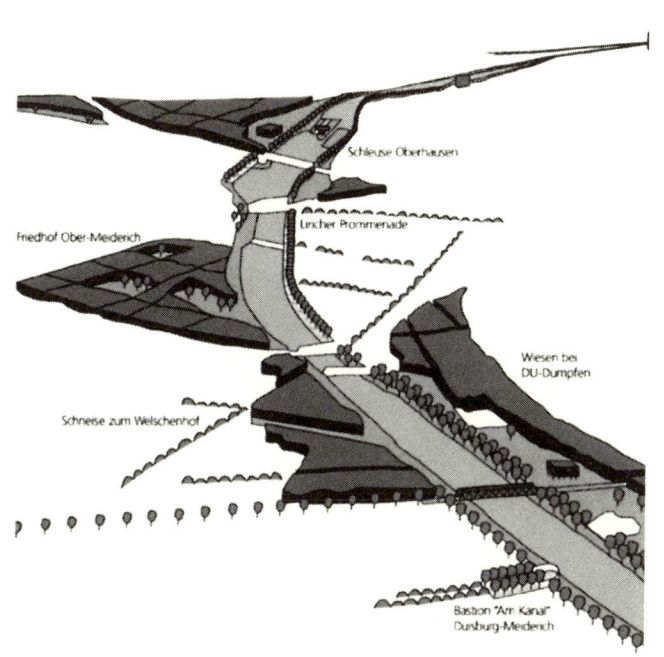

図155　エムシャー・ランドスケープパーク・マスタープラン2010に示された将来のエムシャー渓谷回廊のイメージ（出典:Projekt Ruhr文献29）

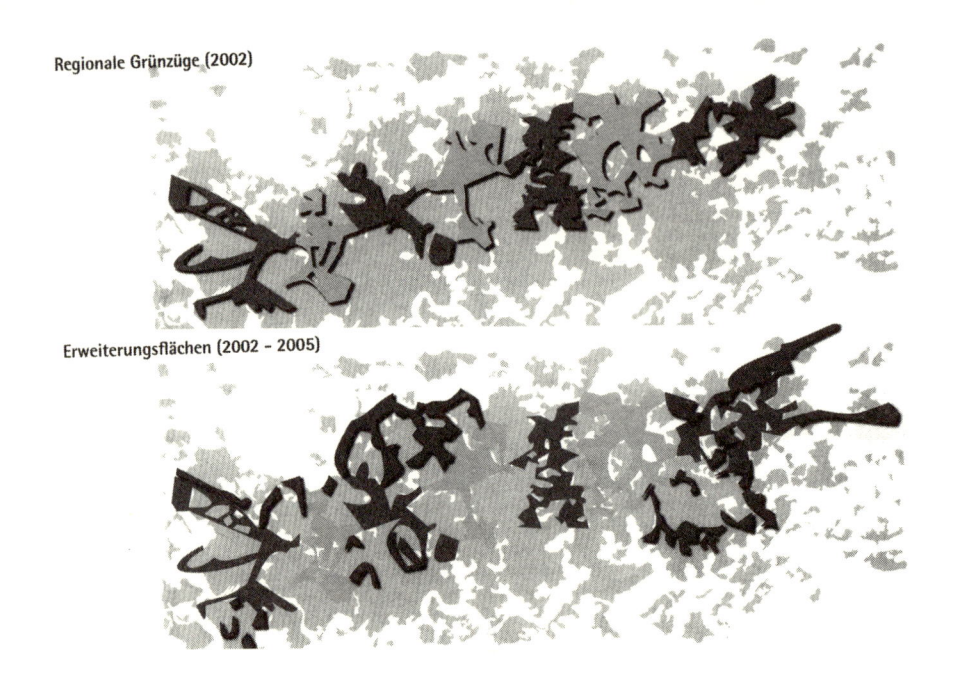

Regionale Grünzüge (2002)

Erweiterungsflächen (2002 - 2005)

1. IBAエムシャーパークで生み出されたプロジェクトの進展

　ここでは、概ねIBAの期間に生まれてきたプロジェクトで現在も進展を見せるものについて述べる。

(1) エムシャー・ランドスケープパーク2010

　IBA終結後、エムシャー・ランドスケープパークの仕事は新たに設立されたプロジェクト・ルール公社に引き継がれることになった。州が最初にプロジェクト・ルール公社に委託したのは、IBAが残した広域緑地システム「エムシャー・ランドスケープパーク」の現況調査だった。

　2001年の夏、関連17自治体の専門職員が集められ、まる一日、意見交換を行うことになった。そこで、関連自治体のすべてがエムシャー・ランドスケープパークの整備は完成しておらず、今後も続けなければならないという意向を持っていることが明らかになった。

　こうした状況を受けて州政府が予算を確保し、2002年からプロジェクト・ルール公社がポストIBA期間の計画づくりに着手した。そして、この計画はマスタープラン・エムシャー・ランドスケープパーク2010と名付けられた。

　最終的に、関係自治体すべての合意と州の承認を得たのは2005年であった。この間も、自治体の裁量の中で実施でき

Neues Emschertal

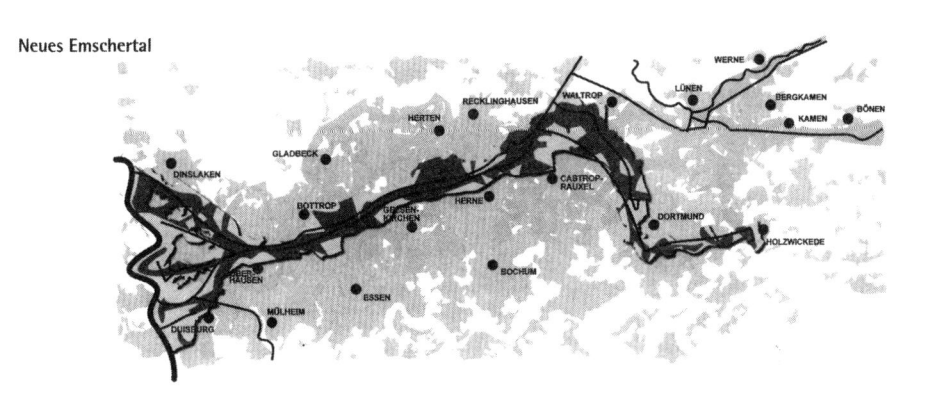

図156（左上）　2002年時点で合意されたランドスケープパークの計画対象範囲
図157（左下）　濃い色の部分が2002年から2005年までの間に新たに拡大した計画対象範囲
図158（上）　2006年承認の計画で新たに設定されたエムシャー渓谷回廊の範囲
（出典:Projekt Ruhr 文献29）

るものの整備が進んだ。

　ＩＢＡ時代の計画に付け加えられたものは緑の帯を南北に延長したことと、東西方向の緑の帯にエムシャー川上流沿岸を加えたエムシャー渓谷回廊を設定したことである。南北方向への延長は3つの自治体が新規参画したことが1つの動機になっている。また、エムシャー渓谷回廊については、エムシャー排水組合のエムシャー川の自然再生が具体検討の段階に入ったことと、沿川自治体から市街地と東西方向の緑の帯との関係付けの強化が求められたことが動機となっている。

　エムシャー・ランドスケープパークという計画は広域緑地システムの計画であると共に、産業遊休地の立地改善の計画である。この性格付けから、ＩＢＡ時代の「公園の中で働く」や「産業遊休地における住宅地開発」に関連する調整もプロジェクト・ルール公社は行っている。これらは、「公園の中で住まい働く」というプロジェクト名称でエムシャー・ランドスケープパーク2010の中に位置付けられている。

　このマスタープランの対象面積は1776haで、29のプロジェクト用地があり、それぞれ「地域を越えた広域の拠点」、「地域内の拠点」、「自治体レベルの拠点」の3つの性格に当てはめて調整を行っている。この中の1つの目玉に関税同盟パークが位置付けられている。

(2) エムシャー水系の自然再生

　エムシャーパーク水系の自然再生は、

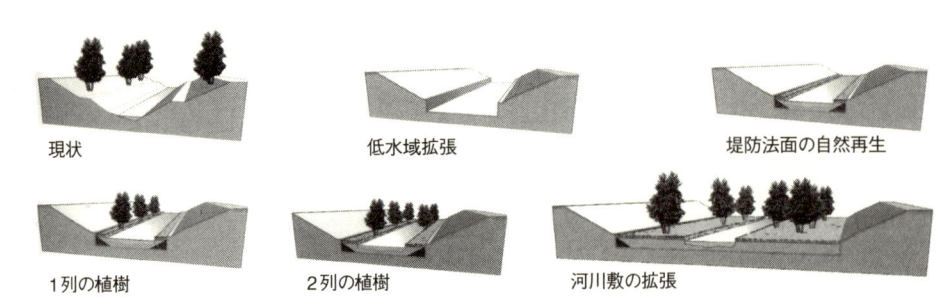

図159 汚水排水を別系統にした後のエムシャー川の氾濫対策と自然再生の考え方（出典：EG文献4）

図160 ディンスラーケン付近で計画される河川敷の拡張と自然再生（出典：Emschergenossenschaft 文献4）

正確にいえばＩＢＡによって知名度を上げ、社会にその意義を認められたプロジェクトということになろう。

実施主体はエムシャー排水組合という下水と排水路の管理企業体である。ＩＢＡ期間中はエムシャー川の支流に関して可能なところから排水管を敷設し、表流水域の自然再生を図っていた。その後、エムシャー本流の排水管システムと表流水域の自然再生計画の検討が進み、第１工区に関して2007年より工事に着手し、この区間に関して2014年に完成するとしている。

こうした状況を反映して2005年にエムシャーの未来マスタープラン案が作成されている。この中で、汚水が別系統の地下埋設管を通ることを前提に、表流水域の自然再生計画が詳細に検討されている。この中で１つのポインになっているのが、雨水排水の管理である。このために自治体や民間開発主体に対して、雨水排水の遅延化や地下浸透を敷地内で行うことを要請している。こうしたこととともに、表流水域において降雨集中時に氾濫が予想される箇所などに遊水エリアを設定し堤防で囲い込むことを計画している。こういった場所も、自然再生計画の対象となっている。

また、工場の地下水の汲み上げが減っていることや、今後のエムシャー水系の自然再生の進捗などにより、地下水位が戻り、自然に好影響を与えることが見込まれるため、約700地点で地下水位の観測を始めている。

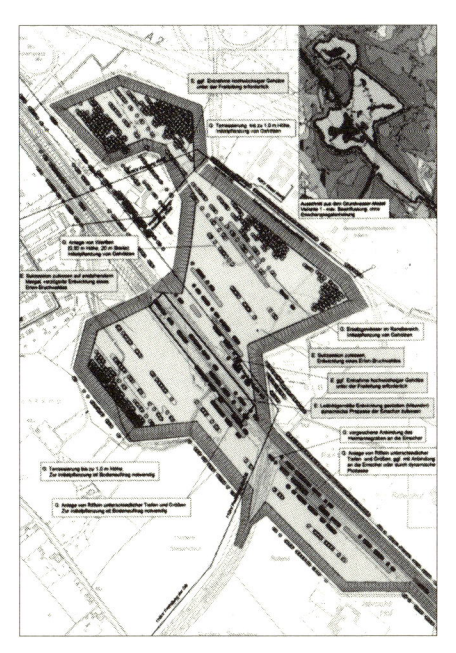

図161 ドルトムント・メンゲーデの遊水エリアの計画
メンゲーデとエルリングハウゼンの2カ所63haで200万m³の貯留容量を持たせている
(出典: Emschergenossenschaft 文献4)

(3)「産業文化の道」の展開

 「産業文化の道」と呼ばれる観光ルートは、IBA99フィナーレに際して観光ツアーや広報イベントが集中的に実施されたことにより地域に根付いている。このプロジェクトは、大きくインフラ整備と観光企画に分かれている。

①「産業文化の道」のインフラ

 道のインフラといっても、主たる整備対象は、案内サイン類である。基本的に地域の文化資源をリストアップし系統付けの作業を行った上で、案内マップ、パンフレット、案内サインといった媒体に展開している。

 定常的なサービスとしては、ルール地域連合（RVR）がこれらインフラのメンテナンスや補填をする他に、アンカーポイントと呼ばれる「産業文化の道」に特化した案内センターを3カ所設けて観光のサポートを行っている。

 マップは全体概略マップの他に50種類のテーマ別冊子が用意されている。また、サイクリング用やドライブ用に特化した地図帳も販売されている。

 サイクリングに関しては地域に約15の自転車センターがあり、その内の9カ所は、産業文化の道用の自転車を置いている。

②産業文化に関する観光企画

 産業文化に関する観光企画と運営はルール地域連合の子会社のツール・デ・ルールという会社が実施している。変った

第5章 現在も進む、ルール地域の構造転換

図162（上） 関税同盟炭鉱インフォメーションセンター内にある産業文化の道の観光案内所。ここには全体マップの他に関税同盟エリアのマップ、エリア周辺のマップなどを用意している

図163（下） 産業文化の道のドライバー向け案内サイン

(出典: IBA Emscher Park 文献12)

ものでは、古い路面電車やレールバスを使った企画ツアーがある。また、ＩＢＡで試みられたライン・ヘルネ運河の季節観光船運行はその後も定着している。サイクリングや散策を移動手段とした観光案内なども、市民団体とのタイアップなどにより実施されている。

また、製鉄所跡地などでのロック・クライミングや綱渡り、ガスタンクを使ったスキューバーダイビングなどの紹介も観光広報といっしょに行われている。

(4) 関税同盟パークと
　　ヨーロッパ文化首都2010

2006年4月に欧州連合（EU）は、ヨーロッパ文化首都2010として3都市を選考した。そのうちの一つがルール地域のエッセン市だった。

ヨーロッパ文化首都というのは、欧州連合加盟国が持ち回りで、割当て年の文化首都を推挙し、その自治体がヨーロッパ文化都市の活動のホストになるというものである。

これまでの文化首都選考では、観光都市としての実績あるいは、可能性のある都市が選ばれてきている。その意味ではルール地域のエッセン市が選ばれたことには、ここ15年程度の産業文化の再構築の試みが評価されたものと考えられる。

具体的には2001年に、関税同盟炭鉱の複合的産業遺産がユネスコ世界遺産に登録されたことが評価の決め手になっている。世界遺産の登録の基準は、遺産としての価値にあるが、それと共に遺産保

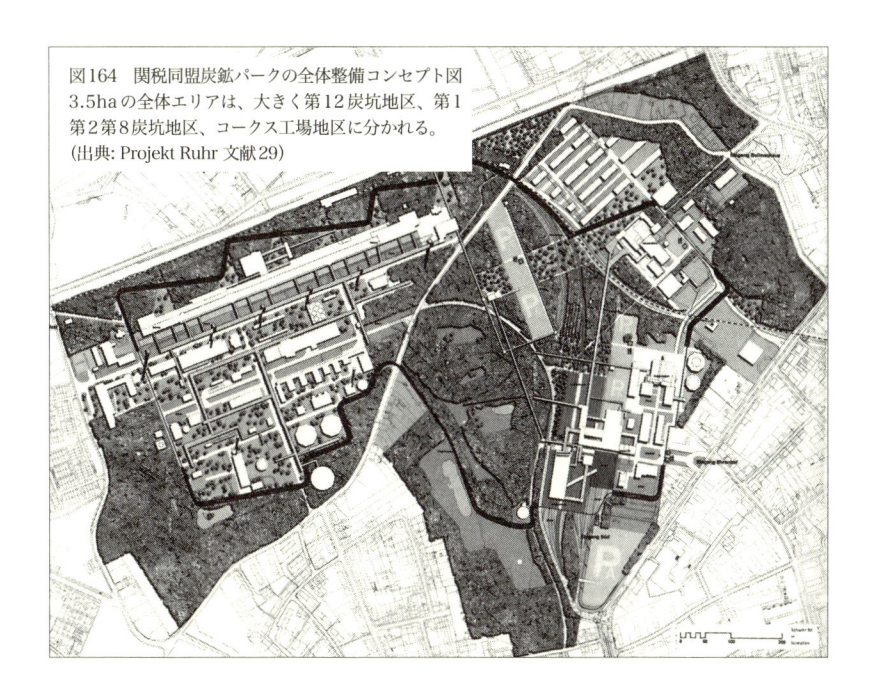

図164 関税同盟炭鉱パークの全体整備コンセプト図
3.5haの全体エリアは、大きく第12炭坑地区、第1
第2第8炭坑地区、コークス工場地区に分かれる。
(出典: Projekt Ruhr 文献29)

存に関する体勢と確実性が強く問われる。

複合的産業遺産の中心は、1932年に建設されたF・シュッペとM・クレマーの設計による時代の粋を集めた関税同盟第12立坑施設群である。この施設群の保存利用は1986年の稼動停止から3年の取り壊し議論を経て1989年にエッセン市とNRW州が決めたものである。そこで取り壊されていたら、その12年後に世界文化遺産に登録されることはあり得ず、そして2010年にヨーロッパ文化都市に輝くこともなかった。

とはいえ、1993年に隣接する1958年建造の新鋭コークス工場が閉鎖され、この施設群も一体的に保存利用することとしたため、維持管理費用が膨らんでいる。

IBA期間中にN・フォスター設計による高圧釜棟のデザイン博物館への転換利用や、機械棟からオフィスへ、また作業場からイベントホールへといった転換利用が進められた。

その後、開発、管理、運営の体制が強化され、2006年にルール美術館と妹島和世設計のマネージメント・デザインスクールがオープンした。

現在、既に100程度のオフィスやアトリエが稼動し1,000人以上がここで働いている。加えて、現在デザイン・シティと呼ばれるデザイン系ビジネスの集積地を生み出す構想が進められている。

第5章 現在も進む、ルール地域の構造転換 127

2. IBAエムシャーパークの終幕と後継体制

　ここではＩＢＡの終幕時の様子と、その後のルール地域における構造転換の推進態勢について述べる。

(1) 1980年代から1999年までのルール地域の構造転換
　ルール地域の構造転換は、1980年代半ばに当時のNRW州都市・住宅・交通大臣ツェーペルの指示によって開始されたといわれている。炭鉱や工場の閉鎖に伴う雇用機会の喪失に立ち向かうために、自治体の手にあまる膨大な産業遊休地を州の手で買取り再開発を行い、地域の構造転換のために活用することを決めたのである。こうして、1989年にＩＢＡエムシャーパーク公社を設立し、当時州の都市開発部長だったカール・ガンザーを社長に据え、構造転換のための地域ワークショップを開始させた。

　ＩＢＡエムシャーパークという構造転換のための地域ワークショップは当初より10年間という期間を設定し、5年ごとに事業評価を行うこととされた。

　ＩＢＡ期間の前半では、地域の構造転換の方向性に合致したプロジェクト探しと見出されたプロジェクトの推進に力点が置かれた。またＩＢＡ期間の後半では、モデル的なプロジェクトを仕上げることに力点が置かれたといわれている。

　ＩＢＡエムシャーパークは500haの産業遊休地を新たな産業の場に転換させ5,000人分の雇用を創出するという成果を挙げた。加えて、300km²に及ぶエムシャー・ランドスケープパークという名の緑地システムを地域に根付かせ、また、数多くの産業建造物の利用方法を発見し取り壊しを回避させた。

　こうした成果を生むために、約120のプロジェクトと30億マルク（約2,000億円）の公的資金を投入して実施したのが、ＩＢＡエムシャーパークである。

(2) ＩＢＡの終幕
　1999年はＩＢＡエムシャーパークの終幕の年で、10年間で最も大きな「ＩＢＡ99フィナーレ」と題される地域展示イベントが

実施された。これは、17自治体にまたがる工業地域における10年間の生態環境的で文化的な取り組みの成果を、6カ月にわたって見せるという前代未聞のものとなった。

大小あわせて250のイベントが実施されたが、この中で最も力を注がれたのは、4つのメインイベントと産業文化の道に代表される観光ルートツアーの紹介・実施だった。

ＩＢＡエムシャーパークの広報によると述べ350万人がこのＩＢＡ99フィナーレを訪れ、アンケート回答者の46％がルール地域外からの来訪者だった。地域イメージを時代に適合したものに変えるという意味では、このＩＢＡ99フィナーレの果たした役割は大きかった。つまり、地域内部の成功を、地域住民はもちろんのこと、周囲の人々にも認知させたのである。南ドイツ新聞は次のような記事を、イベント終幕間際に掲載している。

ＩＢＡエムシャーパークは、過去10年間ルール地域で全く前例を見ないほど多くのことを動かした。約50億マルクの投資と約120のプロジェクトを使って構造転換を起動したことに止まらず、地域の新たなアイデンティティを見つけることに成功したのである。ようやくルール地域は、石炭・鉄鋼産業がすべてを決めていた150年間に別れを告げることができた。

●「ＩＢＡ99」4つのメインイベント
・ランドスケープパーク・デュイスブルク・ノルトで実施されたＩＢＡエムシャーパークの公式展示
・オーバーハウゼンのガスタンクの中で実施された、世界的に著名な空間芸術家クリストの作品の制作・展示
・関税同盟コークス工場で実施された「太陽、星、月」と題された文化、自然、エネルギーに関する展示
・オーバーハウゼン城で実施された「ランドマーク・アート」と題された、継承される産業遺産のランドマークと芸術家が新たに創造したランドマークの展示

---

(3) ＩＢＡ存続の議論

1998年の秋以降、関係者の間でＩＢＡエムシャーパークの終幕とその後の構造転換推進体制のあり方の議論が行われた。

議論の最初の焦点はＩＢＡ公社を残すかどうかであった。ＩＢＡエムシャーパークが成果を残していなければ、当初からの予定通り解散させることに誰も異論はなかっただろう。しかし、予想以上の成果があったので、ＩＢＡ公社の解散自体が議論の対象となった。結果は、解散ということに落ち着いた。

実務レベルは、地域の構造転換の推進に関してＩＢＡ公社の役割が未だ必要であると考えた。これに対して、州政府の政治レベルは、この段階の構造転換の成果を明確にし、次の段階に進むためにＩＢＡエムシャーパークの段階を終わらせることを選択したといわれている。

(4) ポストＩＢＡの構造転換の推進役

州政府は結局、都市・住宅・交通省が監督するＩＢＡ公社を解散させ、2000年に特定の省の監督から外す形でプロジェクト・ルール公社を設立した。これは、建設系行政ラインによる産業遊休地を利用した地域再編がある程度達成されたことを前提に、従来路線に産業経済開発の路線を加える意味があったとみられる。

ルール地域の構造転換政策の特徴は、産業遊休地を使って空間的な地域構造を改善し、同時に産業立地拠点を生み出すことに特徴がある。この流れで考えると、第１ステージ（ＩＢＡ前半）で基礎をつくり、第２ステージ（ＩＢＡ後半）で産業遊休地の再開発の内、公的に実施されるものを中心に仕上げたとみることができる。

そして、第３ステージでは、新たに生み出した新産業のための土地や床に産業のコンテンツを埋め込むことが課題となった。このような背景から、プロジェクト・ルール公社の事業は、ＩＢＡ公社と比べてソフト志向となり、企業探しや産業のネットワークづくりなどを優先することになった。また、緑の帯などの公共的な空間のネットワークづくりの作業とともに、公共的な支援プロジェクトのネットワークづくりの作業なども必要になった。

プロジェクト・ルール公社の業務のやり方は、戦略的な専門分野にエキスパートとスタッフが張り付く形になっていて、現在、化学、エネルギー、健康産業、情報コミュニケーション技術、生産

技術・材料、物流、ランドスケープパーク、観光と文化、将来像といったグループが活動している。「エムシャー・ランドシャフトパーク」や「公園の中で住まい働く」といったＩＢＡ時代のプロジェクトを直接引き受けたものに関しても、手堅い成果を挙げている。このプロジェクト・ルール公社も設立から６年目を迎えて、現在、解散を含めた今後のあり方が検討されている。

(5) 21世紀初頭の地域マネージャー

2004年にルール自治体連合（ＫＶＲ）に関する州法が改正され、組織名称もルール地域連合（ＲＶＲ）に変わった。ＩＢＡ公社解散後のルール地域の構造転換推進組織についての州議会での議論の中で、ルール自治体連合もＩＢＡ公社と共に解散させるという議案が持ち上がった。結局、この案は否決されたが、この議論が尾を引いて、ルール自治体連合はＩＢＡプロジェクトとして実行していたランドスケープパークの計画・管理の仕事をやめることになった。

これが、再度、州議会による法改正により、ランドスケープパークの計画・管理の仕事を義務付けられることになったのである。こうしたことの背景に、ＩＢＡ期に続くポストＩＢＡ期も、州がＩＢＡの遺産管理に手を差し伸べていたが、これを改めて正常な自治体側の仕事にするという流れがある。自治体側の仕事になるということは、広域で連携して取り組むべきことは自治体のルール地域連合の仕事になるのである。

ＩＢＡプロジェクトの多くのものは成功したといわれているが、大規模プロジェクトで問題視されているものがいくつかある。これは再生された産業遊休地の中に、産業建造物を多数残存させている５つほどのプロジェクトで、現在、ルール地域連合がランドスケープパークとして管理運営が可能かどうかの検討を進めている。

流れとしてはＩＢＡ終結後も残っていた州の介入を、そろそろ引き上げて地域の計画づくりやマネージメントは関係自治体の自主的な協力体制にまかせるという方向に動いている。

●ルール地域連合(KVR)

　4,434km²に及ぶルール地域の圏域を説明するのに一番適しているのは、ルール地域連合(RVR)を構成する53自治体の範囲だという表現であろう。このルール地域連合の元をただすと、1920年にドイツ共和国政府がこの一帯の石炭・鉄鉱産業地域の開発のために設立した、ルール石炭地域連合(SVR)に行き着く。この組織は、1912年にルール地域開発計画を立案したロベルト・シュミットが総裁となり、自らプロシャ州政府をバックにしながら産業インフラ、緑地、居住地の整備の指揮をとった。

　国家経済にとって重要な意味を持つ地域開発を推進するために、通常の地方や自治体のガバナンスとは別に、特別な地域開発推進組織を国が設置する例として、1911年設立の大ベルリン都市整備組合、1933年にアメリカで設立されたテネシー開発公社(TVA)と並び称されている。

　ルール石炭地域連合は、第2次大戦後も広域計画共同体としての事務を行っているが、地域の基幹産業の落ち込みと、個々の自治体のガバナンスの成熟に伴って事務領域を次第に縮小させてきたと推測される。それでも、着実に緑地を保有し管理するなどの地域の環境系の事務を手がけていた。

　1979年にルール自治体連合(KVR)に一度名称変更し、1988年から1999年のIBAエムシャーパークの期間においては、エムシャー・ランドスケープパーク構想関連の計画づくりや、生み出されたランドスケープパークの管理代行などを実施し、ランドスケープパークに関して、IBA公社の強力な実行パートナーとなっていた。

　IBA終了間際の1998年時点では、森林21.55km²、自然保護区21.55km²を保有し、加えて公園緑地に転換される産業遊休地2.87km²と最終的に緑地にする予定の廃棄物処理場2.99km²を保有していた。

　2004年にルール自治体連合(KVR)に関する州法が改正され、組織名称もルール地域連合(RVR)に変った。これにより、ルール地域に関する計画策定等に関して事務領域が拡大されている。

3. IBAエムシャーパークの評価と位置付け

　ここでは、地域の構造転換推進という観点でのＩＢＡを評価し、20年程度続けられているルール地域の構造転換の中での位置付けを確認する。

(1) 数字で見る地域の変化

　1995年以降の雇用には、失業者数の好転はみられないが、雇用の中身に関して構造転換の跡がうかがえる。1995年から2003年にかけての職業分類別の就業者数を見ると、機械工・エンジニア、鉄鋼生産・鉱業従事者といった古いタイプの工業従事者が減少している反面、明るいきざしとして商業・業務従事者の伸びが見られる。これは産業の高次化の一端である。また福祉、健康、交通といった地域生活密着型産業の伸びも確認できる。

　ルール地域の人口は1961年567.4万人から1970年にかけて1.6万人減少し、1970年から1990年にかけてはなんと26.2万人減少した。1990年から2000年にかけては3.7万人減と下げ止まった感があったが、2003年までに4.3万人減となりこの時点で人口531.7万人となっている。人口減少については、1970年から1990年までの嵐のような人口流出はおさまっているが、楽観的な評価はしづらい状況にある。

　しかし交流人口に対応する地域への入込み客数を見ると、なんと1990年から2003年にかけて30％もの増加を見せている。これは、ルール地域の救いである。そしてこれは、ＩＢＡの副産物「産業文化」のブランド効果が役立っていると考えられる。

(2) ＩＢＡエムシャーパークの３つの意味

　「エムシャーパーク」には３つの意味が重なっている。まず第１にはエムシャー・ランドスケープパークという、緑と水と文化に抱かれた地域の将来ビジョンである。

　第2の意味は、州が1989年から1999年までの10年間を使って実施したルール地域の構造転換のための特別な事業である。1988年にこの事業を周知するために出された通称『メモランダム

I』（参考文献26）と呼ばれるレポートの表題は、「国際建築展エムシャーパーク　古い産業地域の未来を探すワークショップ」であった。

そして第3の意味は、この構造転換を推進するために設立した10年の期間を限定された州100％出資の会社名である。これはＩＢＡエムシャーパークGmbHである。

(3) エムシャー・ランドスケープパークの達成度

まずエムシャー・ランドスケープというフィジカルな地域計画目標の達成度について考えてみたい。これについては、ＩＢＡ期間の前半において、産業遊休地を緑地や緑地率の高い産業用地等に転換させて、既存の緑地と合わせて地域の緑地システムを構築する構想を関係自治体で共有することができた。さらに、ＩＢＡ期間中に構想の重点となるような大規模プロジェクトを大方仕上げている。このような具体の計画の達成度では、手堅く当初の計画目標を達成したといえる。

エムシャー・ランドスケープーパークという計画は、「サスティナブルな地域開発」というテーマに対応した地域計画だった。おもしろいと思うのは、この「サスティナブルな地域開発」をＩＢＡという地域ワークショップ型推進手法を使って実施した結果、「産業文化」という副産物が生まれたことである。この新しい地域文化はやはり、エムシャーパークの計画ポリシーが違ったものであったら決して生み出されることはなかっただろう。この観点では、まさに前例のない成果を残した地域計画だったといえる。

(4) 構造転換の達成度

ルール地域では、1970年代から80年代において地域産業をめぐる条件が劇的にかつ、構造的に悪化した。これに対して、新たな経済環境に適合するよう、地域の生産構造や社会構造を大きく変えていくという目標を持ってＩＢＡエムシャーパークのプロジェクトが開始された。これにつ

図165 ルール地域の産業部門別雇用数の動向（出典: KVR文献19）

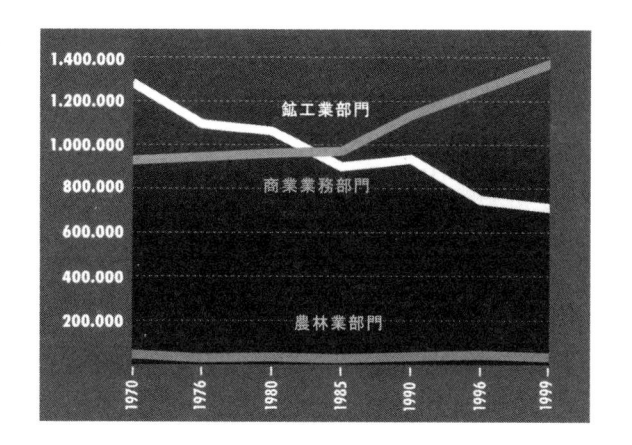

いての成果は数字で見る限り、目覚しい成果を挙げたとはいいがたい。

　地域の生産構造の転換というのは、これが成功するとすれば概ね3つの段階で進んでいく。第1段階は、時代の要求と乖離した古い産業が急激に落ち込んでいく。第2段階は、引き続き古い産業の落ち込みが続くとともに、新しい産業が台頭する。第3段階では、新しい産業が古い産業にとって変わる。ＩＢＡの時代から現在に至るルール地域は、この構造転換の第2段階にある。雇用という指標を持ち出すと、新しい雇用の増加と古い雇用の減少の合算値として計量される。従って、合算値が仮に減少傾向にあったとしても、新しい雇用が増えているのであれば悲観する必要はないのではないか。それは、いずれ古い雇用の減少はどこかで下げ止まるからである。

　ルール地域では1985年以降商業・業務の雇用増加傾向は堅調である。この傾向を重視すれば、ＩＢＡ期にすでに明るいきざしが出ていたことになる。どのような要因で明るいきざしが助長されたのかは簡単にはわからないが、実行可能で将来に希望が持てる計画を地域が持っているということが1つの要因になったのではないだろうか。

(5) 10年間の事業推進の方法としてのＩＢＡ方式の評価

　ここでは、ＩＢＡの伝統に学びながら競技設計やワークショップを多用しながら、デザインや基準設定として最高のものを求め、

それを展示するというやり方についての評価を試みる。

　ドイツにおけるＩＢＡ方式は、「建設事業に先立つ社会的テーマの設定」、「競技設計やワークショップ活用による計画における革新性の追及」そして、「造られたものを展示しながら、評価しあう」という社会運動推進ともいえる展開を特徴としている。エムシャーパークでは、この流れを今までのどのＩＢＡよりも強く打ち出していた。

　エムシャーパークでは公共資金を使って産業遊休地の開発と、施設の整備を行う段階でこの方式を用い、概ね成功している。

　州政府側がＩＢＡ方式に求めたことは、公共投資を前提にした上で、プロジェクトの効率を高めることだった。その意味では個々のプロジェクトに関して、一定予算枠の中で高い質を達成したことを評価できる。

　地域に存在しなかった高い質を持った建築、都市空間、ランドスケープが生まれることは、住民、関係者の心理的状態を改善することに寄与し、ランドスケープパークとの相乗効果で地域イメージを大きく改善し、全体として大きな成果を上げたといえる。

(6) ＩＢＡエムシャーパークの位置付け

　1989年から1999年までの期間に実施されたＩＢＡエムシャーパークは、基本的に期間限定の特別な州と自治体の共同のプロジェクトだった。通常の行政のガバナンス体制では不可能なことを試みたわけである。

　通常できないことの１つは、10年間という期間に州が開発資金をエムシャー沿川エリアに集中させたことである。それともう１つは、この企画に地域の全首長が協力の意を表したことである。政党カラーを超えた協力体制があったのである。

　その条件を持った上でＩＢＡが残した遺産について関税同盟炭鉱エキジビション公社社長で元ＩＢＡエムシャーパーク支配人のゼルトマン氏は以下の３点を指摘している。

　まず第１には、エムシャー沿川エリアの産業遊休地を住宅、雇用、文化景観に転換したこと。第２に国際建築展という枠組みによって、地域の中での行政間の共同作業や行政と企業、行政と住

民の協働作業に対する理解が生まれたこと。第3として国際建築展という独特の水準を求める方法で生まれた、新しいブランドあるいは文化でルール地域が国際的に有名になり、地域の生活者や組織が自信と誇りを回復させたこと。

　だからといって、ＩＢＡ公社が予定期間を延長して存続することにはならなかった。つまりは、公共投資をエムシャーパークに集中させる期間を延長しなかったのである。財政的観点から見てしごく妥当であり、政治的に大人の判断といえよう。割り切った行財政的な観点に従って、予定通りＩＢＡを終結したからこそ、その後のルール地域にＩＢＡの遺産がいきいきと残ったのではないかと考えられる。

　このような特別なプロジェクトでは推進体制づくりだけでなく、予定期間内での集中力とその幕引きのあり方がポイントになるようである。

●IBAエムシャーパーク年譜（1980-2006）

1980年	NRW州が土地ファンドという産業遊休地買い上げ制度を創設
1987年	当時のNRW州都市建設大臣クリストフ・ツェーベルと専門家グループがベルリン国際建築展を訪問
1988年	国際建築展エムシャーパークについてNRW州総理大臣が、記者会見で声明発表／IBAエムシャーパークの実施と、メモランダムI公表を閣議決定／建築展運営のため、NRW州が「IBAエムシャーパーク公社」をゲルゼンキルヒェン市内に設立
1989年	地方公共団体、企業、非営利団体に対する公開のプロジェクト参加呼びかけ（その結果、400を超えるプロジェクト・アイディアが寄せられる）
1990-94年	60余のプロジェクトに絞り込んで、その計画促進を重点業務とする
1990年代前半	関連自治体とルール自治体連合（KVR）がエムシャー・ランドスケープパーク構想策定
1994/95年度	計画づくりと実施中事業の中間報告展示
1996年	第2期（1999年まで）IBAエムシャーパーク公社業務の補完テーマを、メモランダムIIにおいて明文化／ベネチア建築ビエンナーレにドイツ代表として、IBAエムシャーパークが参加
1995-99年	個別プロジェクト具体化を重点業務化
1998/99年度	国際建築展終了（1999年）後の組織的課題やテーマ別課題を、いくつかの委員会を設置して検討
1999年	完了報告展示「フィナーレ99」／メモランダムIII公表／「IBAエムシャーパーク公社」解散
2000年	州出資によりルール地域の雇用創出のためのネットワーク公社「プロジェクト・ルール」設立／ドルトムント地域の新産業創出のため、公共・民間のネットワーク組織「ドルトムント・プロジェクト」発足／第1回「リジョナーレ」（ミニIBA）をリッペ地域で開催
2001年	関税同盟炭鉱の世界遺産登録
2002年	「第1回ルール・トリエンナーレ（3年を1サイクルとする舞台芸術と音楽の祭典）」開始／第2回「リジョナーレ」独蘭国境地域で開催
2004年	ルール自治体連合KVRからルール地域連合RVRに名称変更
2005年	「第2回ルール・トリエンナーレ」開始／エムシャー排水組合がエムシャー
2006年	20自治体とNRW州がエムシャー・ランドスケープパーク2010策定／ルール地域連合業務領域拡大／EU文化都市2010にイスタンブールとともにエッセン市が選ばれる

ＩＢＡプロジェクトデータ（出典：文献9 IBA Emscher Park 単位：千マルク）

No	所在自治体名	プロジェクト名称	公共投資総額	備考
(1)	エムシャー・ランドスケープパーク		453,467	No.1- 29
1		エムシャー・ランドスケープパーク基本構想	2,000	
2		エムシャーパーク散策路	0	
3		エムシャーパーク・サイクリング路	31,734	
4		ライン・ヘルネ運河観光船運行	0	
5		エムシャーパーク炭鉱鉄道観光便運行	16,082	
6		ライン・ヘルネ運河レジャーボート航路	450	
7		産業文化の道	8,684	
8		路線敷を使った緑道	7,220	
9		緑の帯Ｂストラクチャー計画	27,399	
10		エコロジー庭園・リップスホルスト管理ハウス	11,200	
11		緑の帯Ｃストラクチャー計画	31,508	
12		ランドスケープパーク・メヒテンベルク	6,760	
13		緑の帯Ｄストラクチャー計画	27,781	
14		ヘルテン産業センターのランドスケープ・ストラクチャー計画	0	
15		緑の帯Ｅストラクチャー計画	29,635	
16		ランドスケープパーク・ブラーテンホルスト・カストロッパーホルツ	3,320	
17		緑の帯Ｆストラクチャー計画	20,371	
18		緑の帯Ｇストラクチャー計画	7,920	
19		森の帯ゼゼケ・ランドスケープパーク	7,490	
20		エコ・ステーション・ゼゼケ・ランドスケープパーク	7,517	
21		健康なランドスケープと農作物・ゼゼケ・ランドスケープパーク	1,760	
22	リュネン	庭園博1996	31,428	
23	オーバーハウゼン	オスターフェルデ庭園博1999	64,000	
24	デュイスブルク	ランドスケープパーク・デュイスブルク・ノルト	95,992	
25	ボットロップ	健康パーク・クエレンブッシュ	6,068	
26	ボットロップ	ボタ山の展望台	3,274	
27		ヤコビ炭鉱跡の市民ゴルフコース	1,600	
28		環境に優しい農業	674	

29		残存自然の保護増進	1,600	
(2) エムシャー水系の自然再生			32,103	No.30-39
30		浄水場分散配置の戦略スタディ	534	
31		川道変更のスタディ	64	
32		ランフェル沿川の表流水の地下浸透スタディ	143	
33	ボットロップ	ボットロップ浄水場	0	
34		ドルネブルガー・ミューレン川	684	
35		ボイエ川の近自然化	448	
36	カストロプ・ラオクセル	ダイニングハウザー川	24,727	
37	カストロプ・ラオクセル	ランドヴェー川	3,171	
38	ゲルゼンキルヒェン	ランフェル川の近自然的な改造	200	
39	レックリングハウゼン	ヘル川	2,132	
(3) 産業建造物の保存利用			200,088	No.40-46
40	ドルトムント	福利厚生施設ドルトムント・エヴィンク	4,528	
41	デュイスブルク	記念建造物指定の屋内プールの中の内陸航行船舶博物館	14,170	
42	エッセン	関税同盟炭鉱第12立坑	126,917	
43	エッセン	ヘレネ炭鉱	13,771	
44	オーバーハウゼン	ガスタンクの展示会場	19,204	
45	レックリングハウゼン	記念建造物指定のレックリンクハウゼン・ズッドのVWE変電所	0	
46	ワルトロップ	閘門パーク、ヘンリッヒェンブルクの揚重式落差解消施設	21,498	
(4) 公園の中で働く			1,354,458	No.47-69
47	ボッフム	ビジネスパーク・クルップ跡地	108,963	70ha
48	ボッフム	ドルステン通り、ヘルツォーク通りの就労環境改善	3,661	
49	ボッフム	ホランド第3、第4、第6炭鉱	68,207	22ha
50	ボットロップ	アレンベルク・フォルトゼッツングの職場と住宅	59,441	13ha
51	カストロプ・ラオクセル	業務・産業パーク・エリン	99,469	20ha (22haの公園併設)
52	ドルトムント	エヴィンク・リンデンホルストのミニステルシュタイン炭鉱	56,333	33ha

53	ドルトムント	産業パーク・ハンザ・ドルトムント・フッカルト	27,320	
54	デュイスブルク	業務パーク・内陸港	175,824	89ha
55	エッセン	手工芸パーク・カテルンベルク・バイゼン、関税同盟炭鉱第3、第7、第10立坑	21,607	3.5ha
56	エッセン	サイエンスパーク・エッセン（民間）	142	
57	ゲルゼンキルヒェン	サイエンスパーク・ラインエルベ	130,339	30ha
58	ゲルゼンキルヒェン	産業パーク・ランドスケープパーク・ノルトシュテルン	138,915	100haのランドスケープパークの一部
59		学生アイディア競技設計「ゲルゼンキルヒェン・ガラスフォーラム」	0	
60	グラドベック	地区開発「産業パーク・ブラウク」	39,263	30ha
61	グラドベック	産業パーク・ヴィーゼンブッシュのイノベーション・センター	31,096	12.5ha
62	ハム	生物学的生態学的都市建築センター、「NRW州エコ・センター」	117,103	50ha
63	ヘルネ	イノベーション・センター	21,600	12ha
64	ヘルテン	未来センターとテクノロジー・パーク	23,559	6.5ha
65	カメン	余暇パーク・住宅パーク・テクノロジーパーク	60,030	54ha
66	リュネン	テクノロジーセンター「リュンテック」	23,044	7ha
67	オーバーハウゼン	「フリーダ」女性の職場紹介と職業訓練のための会社	12,422	
68	オーバーハウゼン	産業文化の並木道、エッセナー通り	90,632	
69	ワルトロップ	産業パーク、プロッケンシャイト	45,488	55ha
(5) 住まいづくりとまちづくり			1,017,177	No.70 - 123
70	ベルクカメン	ベルクカメンの都心形成	32,072	
71	ベルクカメン	女性が計画して住まう集合住宅	3,520	
72	ボットロップ	「プロスパー第3炭鉱」かつての就労地区の再生利用	55,922	
73	ドルトムント	旧CEAG用地の新たな利用	45,782	
74	ドルトムント	居住者発案のエヴィング・フュルスト・ハルデンベルク団地の更新	5,170	
75	ドルトムント	路面電車庫の住まいと文化	7,861	
76	デュイスブルク	デュイスブルク・ルールオルトの港湾地区	33,731	
77	デュイスブルク	デュイスブルク・マルクスローの更新地区	48,469	
78	デュイスブルク	居住者発案のヴァールンク・エリゼン街区の更新	0	
79	エッセン	エッセン・シュトップの田園都市「関税同盟第6、第9炭鉱」	80	
80	エッセン	アルテンエッセン地区の居住、就労、余暇、	20,200	

81	ゲルゼンキルヒェン	キュッパーブッシュ地区の再利用	91,465
82	ゲルゼンキルヒェン	住宅立地条件の改善 「シュンゲルベルク団地の改修と補完的な新築」	38,974
83	ゲルゼンキルヒェン	ゲルゼンキルヒェン・ビスマルク －更新需要のある地区	18,885
84	ゲルゼンキルヒェン	生態的で文化的な「ゲルゼンキルヒェン・ビスマルク総合学校」	2,700
85	ヘルネ	運河沿いの居住地「ウンゼル・フリッツ」	4,126
86	ヘルネ	コルテ・デュッペ団地からトイトブルギア団地への集団移転	6,736
87	ヘルネ	ヒュルスマン醸造所跡地の都市デザインと住宅建設	17,443
88	ヘルネ	トイトブルギア団地の更新	84,534
89	ヘルネ	地区センター「ヘルネ・ゾディンゲン」	103,805
90	ヘルネ	地区センター「ヘルネ・ゾディンゲン」の太陽光発電	12,867
91	ヘルネ	トレーニング・ホテル「水辺のクランゲ城」	0
92	ヘルテン	ハケクメル渓谷の生態的な住宅	7,748
93	リュネン	リュネン中央駅の開発地区	1,871
94	オーバーハウゼン	アルト・オーバーハウゼン駅の周辺	92,614
95	レックリングハウゼン	オルタナティブ住宅「南地区へのゲート」	6,940
96	レックリングハウゼン	生態的団地「チーゲルグルント」	12,184
97	レックリングハウゼン	南地区センターの活性化と安定化	14,281
98	ワルトロップ	田園都市住宅地「ザウアフェルト」	3,160
99		田園都市住宅地の都市更新	
	ボットロップ	ウェルハイム団地	40,927
	グラドベック	ブラウク団地	3,802
	エッセン	マッティアス・シュティンネス団地	12,161
100		簡単な自力建設住宅	
	ベルクカメン	シティ	2,000
	デュイスブルク	ハーゲンスホッフ・タウヌス街区	6,045
	ヘルテン	シェーレベックの子供に優しい住宅	0
	リュネン	ブラムバウアー	0
	ゲルゼンキルヒェン	ビスマルク	0
	レックリングハウゼン	ホッホラー	0
	グラッドベック	ローゼンヒューゲル	0
101		全てリサイクル可能な住宅	0
102		ケルン・ミンデン鉄道の駅舎と待合場所	52,780
103		エムシャー地域の自転車の駅	91

104		国際都市計画会議	91	1991.6.20-21
105	ミュルハイム	青少年文化プロジェクト「古い乗馬ホール」	2,250	
106	ヘルネ	考古学博物館	40,000	
107	レックリングハウゼン	地区公園を伴うレックリングハウゼン第2炭鉱	2,508	
108	エッセン	「関税同盟コークス工場」太陽光発電と観光用展示	21,822	
109	ベルクカメン	コンタクトクラブ・ゾンネンシュタール	630	
110	ボットロップ	森林教育センター	144	
111	カステロプ・ラオクセル	カルチャー・カフェ「イケルン炭鉱」	1,080	
112	カストロプ・ラオクセル	南地区公園のプール	1,350	
113	ゲルゼンキルヒェン	ヒケスマルクの文化総合フォーラム	2,430	
114	ヘルテン	パッシェンベルクの自然体験庭園	526	
115	オーバーハウゼン	住民発案のシュテメルスベルク団地の更新	2,088	
116	ウンナ	ワークショップ・シアター	360	
117	エッセン	カール炭鉱の機械ホール	225	
118	エッセン	エスニック・アート・ルール	1,800	
119	ドルトムント	ミュッテル・センター	1,800	
120	ボットロップ	マラカッフ塔	1,800	
121	エッセン	市民年プロジェクト　a) クレイ　b) アルテンエッセン	145　180	
122	ハム	文化の駅	1,800	
123	ゲルゼンキルヒェン	建築と労働ギャラリー	4,793	
(1)～(5) 合計			3,057,293	

参考文献リスト

1 Ausstellungsgesellschaft Zollverein mbH, *Entry 2006*, Essen 2006
2 Bauhütte Zeche Zollverein Schacht XII GmbH, *Industriedenkmal Zollverein Neue Nutzung*, Essen
3 Bieker,Föhl,Ganser,Günter, *Industriedenkmale im Ruhrgebiet*, E&R, Hamburg, 2001
4 Emschergenossenschaft, *Entwurf Masterplan Emscher: zukunft Ein Fluss lebt auf*, Essen, 2005
5 Emschergenossenschaft, *Möglichkeiten der Umgestaltung von Wasserläufen im Emschergebiet*, Essen, 1989
6 Emschergenossenschaft, *Die Neugestaltung des Läppkes Mühlenbachs*
7 L. Grote Hg., *Die Deutsche Stadt im 19. Jahrhundert*, Prestel-Verlag, Stuttgart, 1974
8 IBA Emscher Park GmbH, *Beschränkte Realisierungs-Wettbewerbe Arenberg-Fortzetsung "Botrop" Dokumentation*, Gelsenkirchen 1991
9 IBA Emscher Park GmbH, *Das Programm IBA '99 Finale*, Gelsenkirchen, 1999
10 IBA Emscher Park GmbH, *Die Erfahrungen der IBA Emscher Park Programmbausteine für die Zukunft*, Gelsenkirchen 1999
11 IBA Emscher Park GmbH, *Internationale Bauausstellung Emscher Park*, Gelsenkirchen, 1996
12 IBA Emscher Park GmbH, *Katalog der Projekte 1999*, Gelsenkirchen, 1999
13 IBA Emscher Park GmbH, *Katalog zum Stand der Projekte Frühjahr 1993*, Gelsenkirchen, 1993
14 IBA Emscher Park GmbH, *Kurzinfo mit größer IBA-Landkarte IBA '99 Finale*, Gelsenkirchen, 1999
15 IBA Emscher Park GmbH, *Technologiepark und Zukunftszentrum Herten*, Dortmund, 1992
16 Innenhafen Duisburg Entwicklungsgesellschaft mbH, *Innenhafen Duisburg Strukturwandel miterleben*, Duisburg
17 Interkommunale Planungsgemeinschaft der Städte Bottrop, Essen, Gelsenkirchen, und Gladbeck, *Im Ruhrgebiet blüt uns was... Ökologischer Landschaftspark Regionaler Grünzug C*, Essen, 1993
18 J. Joedicke, C. Plath, *Die Weißemhofsiedlung Stuttgart*, Karl Krämer Verlag, Stuttgart, 1977
19 Kommunalverband Ruhrgebiet, *Das Ruhrgebiet Zahlen Daten Fakten*, Essen, 2001
20 Kommunalverband Ruhrgebiet, *Emscher Landschaftspark Leitplan-Zwischenbericht 1992*, Essen, 1992
21 Kommunalverband Ruhrgebiet, *Route Industriekultur*, Essen, 2002
22 Kommunalverband Ruhrgebiet, *Route Industriekultur per Rad Band 1,2*, Essen, 2001
23 Kommunalverband Ruhrgebiet, *Zeugen der Industriegeschichte*, Essen, 1994
24 Kurth, Scheuvens, Zlonicky Hg., *Laboratorium Emscher Park Städtebauliches Kolloquium zur Zukunft des Ruhrgebietes*, IRPUT, Dortmund, 1999
25 Landschaftspark Duisburg-Nord GmbH, *Landschaftspark Duisburg-Nord Information zum Parkbesuch*
26 Minister für StWV NRW, *Internationale Bauausstellung Emscher-Park Memorandum zu Inhalt und Organisation*, Düsseldorf, 1988
27 Projekt Ruhr GmbH, *Fokus und Fakten*, Essen, 2004
28 Projekt Ruhr GmbH, *Innovation konkret -Wege in Zukunft-Zwischenbilanz Projekt Ruhr GmbH*, Essen, 2005
29 Projekt Ruhr GmbH, *Masterplan Emscher Landschaftspark 2010*, Essen, Klartext, 2005
30 Stadt Duisburg, *Innenhafen Duisburg- Ein Projekt der IBA Emscher Park*
31 M. Wörner, D. Mollenschott, K.-H. Hüter, *Architekturführer Berlin*, Dietrich Reimer Verlag, Berlin, 1997
32 Senatverwaltung für Bau- und Wohnungswesen Berlin, *Internationale Bauausstellung Berlin 1987 Projektübersicht*, Berlin, 1991
33 Wasser- und Schiffahrtsverwaltung des Bundes, *Die Kanalstufe Heinrichenburg/Waitrop*, Münster, 1994
34 春日井道彦『人と街を大切にするドイツのまちづくり』、学芸出版、1999
35 建築学体系編集委員会 監修『建築学体系5 西洋建築史』、彰国社、1972
36 建築学体系編集委員会 監修『建築学体系6 近代建築史』、彰国社、1977
37 澤田誠二 監修『IBAエムシャーパークの完成にあたって』、WRAP委員会、2002
38 澤田誠二 監修『10年目のIBAエムシャーパーク』<ランドスケープデザイン19号pp76-91>、マルモ出版、2000
39 T. ジーバーツ著、澤田誠二 監訳『知恵と技術を集め、地域独自の「遺産」を活かす 旧工業地域再生のためのワークショップ』<イリューム14号pp65-81>、東京電力、1995
40 T. ジーバーツ著、簑原敬 監訳『都市田園計画の展望「間にある都市」の思想』学芸出版社、2006
41 永松栄『IBAエムシャーパーク（ドイツ）のコンセプトと運営方法』<調査季報134 pp20-25>、横浜市企画局政策部調査課、2001
42 永松栄『独ルール地域にみる地域開発の広域連携 IBAエムシャーパーク開発の軌跡』<日経グローカルNo.51 pp.30-35>、日経産業消費研究所、2006
43 S.C.バーチェル著、林健太郎 監訳『ライフタイム人間世界史 第10巻 近代ヨーロッパ』タイム ライフ インターナショナル、1970
44 二川幸夫企画『近代建築の黎明 1851-1919』エーディーエー・エディタ・トーキョー、1998
45 WRAP委員会 監修『日独フォーラム資料：変革の時代と地域開発』、1994
46 WRAP委員会 監修『日独フォーラム記録：変革の時代と地域開発』、1994

エムシャーパークから、何が学べるか

地域デザイン研究所　永松 栄

　エムシャーパークの地域再生については、本書でも詳細に紹介しているとおり、その成果の大きさと幅の広さに疑いの余地はない。しかし「エムシャーパークから何が学べるのか？」という率直な疑問が、日本人には残るのではないだろうか。
　最後に、このことについて都市プランナー、地域再生の主体、そして地域関係者の立場で考えてみたい。

サスティナブルな土地利用に向けた都市の間の計画

　ヨーロッパ人の都市の心象は「高密度で文化的蓄積度の高い中心市街地」と、そこから「同心円状に広がる拡張市街地」とで構成されている。この明快に外側の田園地帯と区別されるような都市像を、都市プランナーや都市研究者も暗黙のうちに肯定している。
　一方、19世紀から20世紀にかけて工業化が顕著だった都市地域では、母都市との関係だけでなく、石炭・鉄鉱の採鉱拠点との位置関係や、新たに整備された物流拠点との位置関係の中で工場や倉庫が立地し、その近傍に労働者住宅地が建設されてきた。もともと、エムシャー沿川には母都市と呼べるものが少なかったので、必然的に伝統的都市像とかけはなれた都市パターンを現わすようになった。これは、工業開発が進む以前に田園を区切っていた丘陵緑地だけを残しながら、中心らしい中心を持たずに市街地がいくつも連鎖する都市パターンである。
　さて、今日サスティナブルな土地利用を求める都市政策の1つに「コンパクトシティ」といわれるものがある。これは、伝統的パターンの都市に成長限界を定め、中心部の機能強化と公共交通のシステム強化をはかるという都市モデルである。
　IBAエムシャーパーク顧問の経験を持つジーバーツ教授は、著書（文献40）でコンパクトシティが示唆する伝統的都市像の延長線上にある「サスティナブルな土地利用モデル」を、唯一絶対

視することへ警鐘を発している。加えて、都市中心への着目と同様に、都市と都市の間に着目することの必要性を述べている。

　エムシャーパークでは、1つの自治体市街地と隣の市街地の間に残る緑地とこれにつながる産業遊休地があった。この「都市の間」に着目し、エムシャー・ランドスケープパークというサスティナブルな土地利用モデルを当てはめて成功させている。

　ドイツの都市プランナーや研究者が、エムシャー沿川や日本の沿岸部に発達する連鎖型都市パターンについて批判的に見ている空気を、ドイツ留学中に感じたことがある。当時から20年以上がたち、ようやく、ジーバーツ教授の論考とエムシャーパークの実績が、ドイツの都市計画に新風を送り込んだわけである。

　このことは、わが国の都市計画関係者が「コンパクトシティ」の呪縛を解き放ち、実情にあったサスティナブルな土地利用モデルを検討することを示唆している。何よりも、現状の連鎖型都市パターンや群状都市パターンについて、不必要に悲観的に見る構えを正す動機を与えてくれている。

地域開発における協働とコミュニケーション

　エムシャー沿川ほど極端ではないにせよ、国家経済の成長期の地域社会は、単調な縦方向の指示と服従の構造に貫かれている。こうした構造は、成長による豊かさが感じられる間は、疑問視されるものではなかった。しかし、成長のない経済社会において、加えて負債を背負ったわが国の状態では、成長による豊かさの達成はもはや不可能である。こうして量から質への地域政策の転換が、いっそう強く叫ばれるようになった。そして、生活の質の向上を創意工夫する立場となった地方自治体は、現在、暗中模索する状態にある。

　この段階で何が必要かを考えると、縦割り社会から水平ネットワーク社会への転換がまさに今、求められているのである。

　これに対してエムシャーパークは、IBAと呼ばれる伝統的なプロジェクト推進手法を当てはめて、地域空間に高い質を植え付ける協働体制を構築し成果をあげた。このあたりが、地域再生の主体に参考にできるポイントである。

まず地域関係者と外部からの専門家を交えて議論し、具体化可能なヴィジョンを開発し、同時に共有することから地域の再生は始められた。そして、共同作業を推進する組織を設けて関係自治体やその他の組織がオープンな関係の中で、集中的に競技設計やワークショップを用いて地域再生に取り組んだ。

　従来のしがらみをぬぐい去りながら、新しい道筋を見つけるのにＩＢＡという方法は適していた。加えて、体制の壁に風穴をあけながら改革を進めるには、従来と違った推進組織の性格が必要だった。ＩＢＡ公社社長を務めたガンザー教授に対する、ルール大学名誉地理学博士号授与の理由には、こう書かれた。

　「彼はコミュニケーション能力を最大限に活用して、古い官僚的体質を崩し、行政組織間の壁や住民と役所の壁を取り除きエムシャー沿川を活性化させ、このことをもって人文地理分野において新たなメソッド形成をうながした」

　民主主義と民間経済が成熟した段階での地域開発では、行政と行政、行政と民間セクター、そして民間と市民といった合意形成のプログラムこそが成否の鍵になる。その意味で、ルール大学の授与理由は、ガンザー教授率いるＩＢＡ公社職員が協働とコミュニケーションを非常に大事にしていたことを示している。こうした事実には、地域開発の人材育成について深く考えさせるものがある。

地域資産としての文化と生態環境

　ボーダーレスな21世紀の情報化社会の進展は、地域間競争を激しいものにしている。そして、さまざまな場面で差別化できる何かが求められている。従来、地域文化や地域生態環境というものは地域内の住民のためだけの、いわば内向きの価値だったが、今日それは、地域情報・地域イメージ戦略上重要な外向きの価値とみなされるようになっている。

　エムシャーパークでは、緑地公園、河川、産業遺産についても力を入れたが、こうした地域文化と生態環境への投資が地域の構造転換に対して有効かどうか当初、誰にもわからなかった。

　ＩＢＡが終幕して7年を迎える今年、エムシャーパークを訪問

してみると、この取り組みが予想以上の効果を及ぼしていた。

　初期段階では公的資金により動機付けが行われるが、加えて、住民一人ひとりの考え方や地域ＮＰＯの活動などが同調していくことでこの分野の成果は形づくられている。総ぐるみで地域を変えなければならない局面では、子供や孫の世代に引き継つがれていく「地域文化」や「生態環境」が、有効な共通目標となることをエムシャーパークは証明している。また21世紀型社会がこうした動きを歓迎することを、身をもって示した。

　これまで私が関わりを持った、国内の進行中・休止中の大小プロジェクトを思い浮かべながら、「都市の間の計画」「協働とコミュニケーション」「地域資産としての文化と生態環境」というキーワードを復唱している。

　エムシャーパークのような、外部からの刺激を糧にしながら、これからも内部の人々に協力する形で「地域」に関わって行きたいと思う。

2006年９月

あとがき——謝辞にかえて

　本書は、澤田と永松がこれまで関わった多くのエムシャーパーク関連原稿を選択し、これに新たな原稿を加えたものだ。

　第1章2節「ルール地域における工業開発の歴史と痕跡」は、東京電力株式会社発行の科学情報誌『イリューム第14号』（文献39）のジーバーツ原稿（澤田訳）の前半を使用している。

　第2章1節「地域ワークショップの必要性と進行方法」は、1994年の日独フォーラム「変革の時代と地域開発」（文献45）でのジーバーツ、コリネット両氏の講演原稿を参考にしている。2節の「IBAエムシャーパーク開発の目的とテーマ」は、ノルトライン・ヴェストファーレン州発行『メモランダムI』（文献26）を下敷きとし、翻訳と使用を今回改めてコリネット氏にお願いした。

　第4章1節「サスティナブルな地域開発とは」と2節「産業遊休地利用によるランドスケープパークの実現」の部分は、ドルトムント大学発行『エムシャーパークの実験室：ルール地域の将来に関する都市計画セミナー』（文献24）と、これに基づくWRAP委員会発行『IBAエムシャーパークの完成にあたって』（文献37）の中のガンザー講演（澤田訳）とシュバルツェ・ロドリアン講演（澤田訳）を下敷きとした。第4章3節「成長なき時代のドイツのIBA」は、本書の出版に合わせて、ガンザー教授が書き下ろした。

　第5章「現在も進むルール地域の構造転換」では、永松が1999年以降の参考文献と今年4月のエッセン訪問の際に実施したゲアハルト・ゼルトマン氏（関税同盟エキジビジョン公社社長）とシュバルツェ・ロドリアン氏（プロジェクト・ルール公社）からヒアリングした内容をもとに客観的評価を試みている。

　エムシャーパークとの出会いは、1991年にトーマス・ジーバーツ教授と親交のある都市計画家、春日井道彦氏（ダルムシュタット在住）から澤田と住吉洋二教授（現武蔵工業大学）にプロジェクト概要が伝えられ、『メモランダムI』（文献26）が届いたこと

に始まる。

　1994年5月には、エッセンの関税同盟炭鉱会議場でＩＢＡエムシャーパーク公社主催「人々のための地域変革」国際会議が開かれた。日本からは北九州市といわき市の参加があり、旧産炭地の復興について報告した。当時ＩＢＡ公社支配人だったゼルトマン氏と澤田が両市の参加をコーディネートした。この交際会議に先立って上記日独フォーラムの東京開催が決定しており、当時現地入りした永松は、エムシャーパークで多面的な取材を行い、フォーラムのための資料を準備した。

　また日独フォーラムの準備過程では、澤田の発案で「ＷＲＡＰ委員会」というボランティア研究会の結成があった。その座長は伊藤滋教授（現早稲田大学）に引き受けていただいた。研究会の結成によりフォーラムの開催準備は極めてスムーズに進んだ。さらに大村謙二郎教授（現筑波大学）に、専門的な指導ばかりでなく、執筆・翻訳もお願いすることができた。このフォーラムでは、ジーバーツ教授とコリネット氏の講演や、日本側パネラーの発言があり、貴重な知見を得ることができた（文献44、45）。

　こうした「交流型研究」は、沖縄県委託の調査「中南部都市圏の基地跡地利用に関するスタディ（1996～1999年）」を、伊藤教授、大村教授を交えて行うことに発展した。この調査では県職員の方々とエムシャーパークに出向き、日本の都市計画に詳しいウタ・ホーン教授（ルール大学）に、現地を案内してただく機会を得ることもできた。この3年の調査の過程では、ゼルトマン氏やクンツマン教授（ドルトムント大学）を沖縄に招き、沖縄県民との討議も実現している。

　本書の刊行は、伊藤教授が「財団法人大林都市研究振興財団」の大林賞にガンザー教授を推挙したことが発端となっている。編集作業は授賞記念シンポジウムに合わせて進められた。永松はあらためてＩＢＡエムシャーパークの現地取材を行い、1994年以来の「交流型」研究をドイツ側でコーディネートしてくれたゼルトマン氏に、現時点での評価と今後の見通しを聞くことができた。

　さらにガンザー教授からは、かねて学習してきたこの壮大なプ

ロジェクトの理念と推進戦略の核心を聞くことができた。取材は21世紀のサスティナブルな地域形成を先取りしたプランナーの気概に触れる、貴重な時間となった。

　この出版が実現したのは、本書の意義を認め、助成を引受けられた財団法人大林都市研究振興財団のおかげである。また限られた時間の中で、図版の点数を減らさずにページを構成する作業では野溝茂さんにお世話になった。最後になったが、本書を極めて良質な本に仕上げていただいた、株式会社水曜社の仙道弘生社長にも深く感謝する。

　　　　　　　　　　　　　　　　　　　　　2006年9月

　　　　　　　　　　　　　　永松 栄　　澤田誠二

編著者
永松 栄
第1章1.、第3章、第5章執筆
地域デザイン研究所代表、早稲田大学芸術学校非常勤講師。
1981年東京芸術大学大学院修士課程建築計画専攻修了。1982〜1984年ドイツ・シュツットガルト工科大学都市デザイン研究所などでの研究と実務を経て、1984〜1992年都市企画工房主任研究員。1984年から地域デザイン研究所代表として、沖縄中南部都市圏の地域計画、基礎自治体の都市計画・都市デザイン、組合等まちづくりに従事。著書に『ドイツ中世の都市造形』他。

監修者
澤田誠二
明治大学理工学部教授、NPO団地再生研究会副会長、団地再生産業協議会副会長。
1964年東京大学工学部研究科建築学科卒業後、大高正人建築設計事務所、日本設計及びドイツの設計事務所で建築デザイン、技術開発に従事。1976〜1978年ドイツ・フンボルト財団の給費により日欧の住宅政策の比較研究。1982年より清水建設勤務。2001年滋賀県立大学環境科学部（社会計画専攻）勤務。2003年より現職。10年前から老朽化住宅団地再生の推進に従事。

執筆者
カール・ガンザー （Karl Ganser）
第4章1. 3.執筆
元IBAエムシャーパーク公社社長、元ドイツ建築センター会長、ミュンヘン工科大学員外教授

トーマス・ジーバーツ （Thomas Sievets）
第1章2.、第2章1. (1) (4) 執筆
S.K.A.T.都市計画事務所所長、ダルムシュタット工科大学名誉教授、元エムシャーパーク学術ディレクター

ミヒャエル・シュバルツェ・ロドリアン （Michael Schwarze-Rodrian）
第4章2.執筆
プロジェクト・ルール公社ランドスケープパーク・プロジェクトマネージャー、元ルール自治体連合ランドスケープパーク担当、ランドスケープ・プランナー

ハンス・コリネット （Hans Dieter-Colinet）
第2章1. (2) (3) (5) 執筆
NRW州建設交通省都市開発部部長、元NRW州都市・住宅・交通省エムシャーパーク担当グループ長

図版と写真は掲載ページに出典を明記。
記載のない写真・図版は永松の撮影と作成による。
本書は財団法人大林都市研究振興財団の助成を受けて出版された。

IBAエムシャーパークの地域再生
「成長しない時代」のサスティナブルなデザイン

発行日　2006年 10月1日　初版第一刷

編 著	永松 栄
監 修	澤田誠二
発行人	仙道弘生
発行所	株式会社 水曜社
	〒160-0022　東京都新宿区新宿1-14-12
	TEL03-3351-8768　FAX03-5362-7279
	URL www.bookdom.net/suiyosha/
印 刷	中央精版印刷
制 作	青丹社
装 幀	西口雄太郎

ⓒNAGAMATSU Sakae,SAWADA Seiji,2006, printed in Japan
ISBN4-88065-179-6 C0052
定価はカバーに表示してあります。乱丁・落丁本はお取り替えいたします。